"十四五"普通高等教育系列教材

MUNICIPAL AND ENVIRONMENTAL ENGINEERING BIOTECHNOLOGY

市政与环境工程生物技术

主　编◉徐爱玲

副主编◉宋志文

参　编◉唐敬超　李　捷　谢经良

中国电力出版社

CHINA ELECTRIC POWER PRESS

内容简介

本书包括六方面的内容：糖类、脂类、蛋白质、核酸、酶的实验技术以及环境专业常用的分子生物技术。全书共68个实验，结合环境工程相关专业特点，在介绍常用环境微生物实验原理和基本操作的基础上，通过相关综合设计实验，提高读者的实际操作和设计实验能力。同时，书中补充了大量实际操作图例，使得相关内容更容易被理解、消化和掌握，增强了本书的可读性和实用性。

本书可作为高等院校环境工程、环境科学、环境监测、生物相关专业和市政工程、给排水等专业的教材，也可供相关科学技术人员参考。

图书在版编目（CIP）数据

市政与环境工程生物技术/徐爱玲主编．—北京：中国电力出版社，2022.12（2024.2重印）
“十四五”普通高等教育系列教材
ISBN 978-7-5198-6067-7

Ⅰ．①市…　Ⅱ．①徐…　Ⅲ．①市政工程－生物工程－高等学校－教材　②环境工程－生物工程－高等学校－教材　Ⅳ．①TU99②X5

中国版本图书馆CIP数据核字（2022）第143898号

出版发行：中国电力出版社
地　　址：北京市东城区北京站西街19号（邮政编码100005）
网　　址：http://www.cepp.sgcc.com.cn
责任编辑：熊荣华（010-63412543　124372496@qq.com）
责任校对：黄　蓓　王海南
装帧设计：赵姗姗
责任印制：吴　迪

印　　刷：北京天泽润科贸有限公司
版　　次：2022年12月第一版
印　　次：2024年2月北京第二次印刷
开　　本：787毫米×1092毫米　16开本
印　　张：11.5
字　　数：200千字
定　　价：40.00元

前　言

市政与环境工程生物技术，是环境科学中的一个重要分支，以微生物学科的理论与技术为导向，以环境微生物实验原理和基本操作为基础，研究分子生物学技术在环境保护领域的应用。微生物学实验技术是环境工程、环境科学、环境监测等专业本科生的专业基础实验课。掌握必要的环境工程微生物学实验技术，对于认识和理解环境工程微生物学的相关理论和专业知识，以及从事相关专业的研究、实践工作具有重要意义。

目前微生物技术在环境领域的地位日益突出，因此编者在环境工程微生物本科实验教学及总结前人的经验基础上完成了本教材的编写。全书共分为六章，按不同类别，系统地介绍了每一类相关的实验技术。其中第一章介绍糖类的相关实验，包括 8 个实验；第二章介绍脂类的相关实验，包括 5 个实验；第三章介绍蛋白质的相关实验，包括 20 个实验；第四章介绍核酸相关的实验技术，包括 9 个实验；第五章介绍酶相关的实验技术，包括 14 个实验；第六章介绍环境专业常用的分子生物技术，包括 12 个实验。每个实验都按实验目的、实验原理、仪器与试剂、方法步骤编写，并附有思考题。

由于编者水平有限，加上时间仓促，书中难免有疏漏和不妥之处，敬请读者批评指正。

编　者

2022 年 6 月于青岛理工大学

目　录

前言

第一章　糖类的制备与测定……1

实验一　糖类的性质实验（一）：糖类的颜色反应……2

实验二　糖类的性质实验（二）：糖类的还原作用及多糖的试验……4

实验三　杜氏（Tollen）实验鉴定戊糖……5

实验四　总糖的测定：蒽酮比色法……6

实验五　总糖和还原糖含量的测定……8

实验六　可溶性糖的提取和薄层层析分离……10

实验七　糖的旋光性和变旋现象……13

实验八　甲壳素和壳聚糖的制备及测定……15

第二章　脂类测定技术……18

实验九　粗脂肪含量的测定（索氏抽提法）……19

实验十　碘价的测定（Hanes 法）……21

实验十一　皂化价的测定……23

实验十二　油脂酸价的测定……24

实验十三　脂肪酸价的测定……26

第三章　蛋白质分析、测定技术……28

实验十四　蛋白质的性质实验（一）：蛋白质等电点的测定……29

实验十五　蛋白质的性质实验（二）：蛋白质的沉淀及变性……31

实验十六　蛋白质的透析……34

实验十七　蛋白质定量分析（一）：紫外分光光度法……35

实验十八　蛋白质定量分析（二）：酚试剂法……37

实验十九　蛋白质定量分析（三）：双缩脲法……39

实验二十　蛋白质定量分析（四）：考马斯亮蓝 G-250 染色法……41

实验二十一　蛋白质定量分析（五）：微量凯氏定氮法……43

实验二十二　蛋白质定量测定（六）——BCA 法……47

实验二十三　乳中酪蛋白的分离……49

实验二十四　SDS-PAGE 测定蛋白质相对分子量……51

实验二十五　凝胶层析法分离纯化蛋白质……54
实验二十六　甲醛滴定法测定氨基酸……56
实验二十七　DNS-氨基酸的制备和鉴定……58
实验二十八　用 DNS 法鉴定蛋白质或多肽的 N-端氨基酸……60
实验二十九　氨基酸纸层析法……63
实验三十　氨基酸的薄层层析分离和鉴定……66
实验三十一　氨基酸定量测定——茚三酮显色法……69
实验三十二　离手交换柱层析法分离氨基酸……71
实验三十三　SDS-聚丙烯酰胺凝胶电泳法测定蛋白质的相对分子量……74
第四章　核酸相关测定、提取技术……77
实验三十四　核酸的定量测定（一）：定磷法……78
实验三十五　核酸的定量测定（二）：紫外吸收法……80
实验三十六　酵母 RNA 的提取……82
实验三十七　RNA 的定量测定：苔黑酚法……84
实验三十八　动物肝脏中 DNA 的提取……86
实验三十九　植物 DNA 的提取与测定……88
实验四十　腺苷三磷酸的定量测定：纸电泳法……91
实验四十一　质粒 DNA 的提取……92
实验四十二　DNA 琼脂糖凝胶电泳……94
第五章　酶的实验及相关技术……97
实验四十三　过氧化氢酶和过氧化物酶的作用……98
实验四十四　乳酸脱氢酶及其辅酶 I 的作用……100
实验四十五　温度、pH、激活剂和抑制剂对酶活力的影响……101
实验四十六　酵母醇脱氢酶的提纯……104
实验四十七　过氧化氢酶米氏常数的测定……107
实验四十八　用正交法测定几种因素对酶活力的影响……110
实验四十九　溶菌酶的提纯结晶和活力测定……114
实验五十　淀粉酶的分离与纯化……116
实验五十一　碱性磷酸酶的提取和分离及比活力测定……118
实验五十二　聚丙烯酰胺凝胶电泳法分离乳酸脱氢酶同工酶……121
实验五十三　植物过氧化酶活性的测定……125
实验五十四　超氧化物歧化酶 SOD 的分离纯化技术……126
实验五十五　超氧化物歧化酶活性测定……128
实验五十六　生化需氧量（BOD_5）的测定……130

第六章　环境专业常用分子生物技术 134
实验五十七　凝胶的制备及电泳技术 135
实验五十八　普通 PCR 及产物纯化 137
实验五十九　实时荧光定量 PCR 技术 139
实验六十　RNA 的逆转录及其 PCR 技术 140
实验六十一　质粒的限制性内切酶消化及其与目标基因的体外重组质粒 DNA 酶切（质粒限制性内切酶消化酶切） 146
实验六十二　大肠杆菌感受态细胞的制备及转化 149
实验六十三　重组 DNA 的蓝白斑筛选 152
实验六十四　外源基因在大肠杆菌中的诱导表达 154
实验六十五　cDNA 文库的构建 158
实验六十六　Southern 杂交 164
实验六十七　Northern 杂交 169
实验六十八　Western 杂交 171

参考文献 173

第一章　糖类的制备与测定

糖类在生物学特别是现代生物学中扮演着越来越重要的角色，在生物免疫、细胞识别、抗体蛋白研究方面发挥着重要作用。糖类是生物体主要的能量来源，可转化成生命所必需的其他物质，如脂肪类、蛋白质等；作为生物的结构物质；作为细胞、生物体的贮藏物质；同时一些细胞的细胞膜表面含有糖分子或寡糖链，这些物质可作为细胞识别的信息分子，参与细胞间的识别，构成细胞的天线。

本章全面、系统地介绍了糖类的制备与测定，共 8 个实验，主要包括糖类的不同性质测定，总糖、戊糖及还原糖测定，可溶性糖的提取和薄层层析分离，糖的旋光性和变旋现象，以及甲壳素和壳聚糖的制备及测定。

实验一　糖类的性质实验（一）：糖类的颜色反应

一、实验目的

（1）了解糖类某些颜色反应的原理。

（2）学习应用糖的颜色反应鉴别糖类的方法。

二、颜色反应、实验原理、器材、试剂及操作

（一）α-萘酚反应（Molisch 反应）

1. 实验原理

糖在浓无机酸（硫酸、盐酸）作用下，脱水生成糠醛及糠醛衍生物，这两种生成物能与α-萘酚反应生成紫红色物质。因为糠醛及糠醛衍生物对此反应均呈阳性，故此反应不是糖类的特异反应。

2. 器材

试管及试管架，滴管。

3. 试剂

莫氏（Molisch）试剂：5% α-萘酚的酒精溶液（称取 α-萘酚 5 g，溶于 95%酒精中，总体积达 100 mL，贮于棕色瓶内），用前配制。

1%葡萄糖溶液 100 mL。

1%果糖溶液 100 mL。

1%蔗糖溶液 100 mL。

1%淀粉溶液 100 mL。

0.1%糠醛溶液 100 mL。

浓硫酸 500 mL。

4. 操作

取 5 支试管，分别加入 1%葡萄糖溶液、1%果糖溶液、1%蔗糖溶液、1%淀粉溶液、0.1%糠醛溶液各 1 mL。再向 5 支试管中各加入 2 滴莫氏试剂，充分混合。

斜执试管，沿管壁慢慢加入浓硫酸约 1 mL，慢慢立起试管，切勿摇动。浓硫酸在溶液下形成两层，在二液分界处有紫红色环出现。观察、记录各管颜色。

（二）间苯二酚反应（Seliwanoff 反应）

1. 实验原理

在酸作用下，酮糖脱水生成羟甲基糠醛，后者再与间苯二酚作用生成红色物质。此反应是酮糖的特异反应。醛糖在同样条件下呈色反应缓慢，只有在糖浓度较高或煮沸时间较长时，才呈微弱的阳性反应。在实验条件下蔗糖有可能水解而呈阳性反应。

2. 器材

试管及试管架，滴管，水浴锅。

3. 试剂

（1）塞氏（Seliwanoff）试剂：0.05%间苯二酚—盐酸溶液 100 mL（称取间苯二酚 0.05 g 溶于 30 mL 浓盐酸中，再用蒸馏水稀释至 100 mL）。

（2）1%葡萄糖溶液 100 mL。

（3）1%果糖溶液 100 mL。

（4）1%蔗糖溶液 100 mL。

4. 操作

取 3 支试管，分别加入 1%葡萄糖溶液、1%果糖溶液和 1%蔗糖溶液各 0.5 mL。再向各管分别加入塞氏试剂 5 mL，混匀。将 3 支试管同时放入沸水浴锅中，注意观察、记录各管颜色的变化及变化时间。

三、思考题

（1）可用哪种颜色反应鉴别酮糖的存在？

（2）α-萘酚反应的原理是什么？

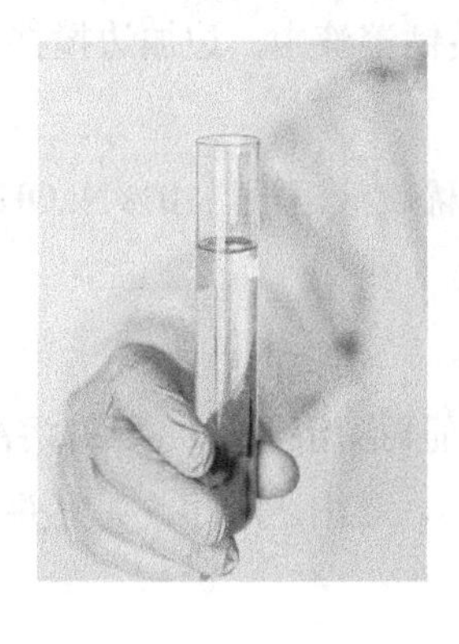

实验二 糖类的性质实验（二）：糖类的还原作用及多糖的试验

一、试验目的

掌握测定糖的还原作用的原理和具体操作方法，并了解掌握多糖的性质。

二、实验原理

班乃德试剂（也称本氏试剂）为含有Cu^{2+}的碱性溶液。它能使具有自由醛基或酮基的糖氧化，其本身则被还原成红色或黄色的Cu_2O。此法常用做还原糖的定性或定量依据。此法具有以下特点：

（1）试剂稳定，不需临时配制；

（2）不因氯仿的存在而被干扰；

（3）肌酐或肌酸等物质所产生的干扰程度远较斐林试剂小。

三、仪器与试剂

器材：试管，50 mL 烧杯，滴管，白瓷板，试管，水浴锅。

班乃德试剂（本氏试剂）：溶 85 g 柠檬酸钠及 50 g 无水碳酸钠于 400 mL 水中。另溶 5 g 硫酸铜于 50 mL 热水。将硫酸铜溶液缓缓加入柠檬酸钠—碳酸钠溶液中，边加边搅拌，如有沉淀可过滤，此溶液可长期使用。

其他试剂：1%葡萄糖溶液，1%蔗糖溶液，1%淀粉溶液，稀碘液溶液，10% NaOH 溶液，20% H_2SO_4溶液，10%碳酸钠溶液。

四、实验操作

（1）取 3 支试管，各加班乃德试剂 2 mL，再分别加入 1%葡萄糖溶液、1%蔗糖溶液、1%淀粉各 1 mL，置于沸水浴锅中加热至出现颜色变化（约 5 min），取出，冷却，观察并记录各管的变化。

（2）置少量的 1%淀粉溶液于白瓷板上，加 1～3 滴稀碘液，观察颜色。

（3）取试管 1 支，加 1%淀粉溶液 5 mL，再加 5 滴稀碘液，摇匀后观察其颜色。将管内液体分成 3 份，其中 1 份加热，观察颜色变化，冷却后再观察颜色变化。另 2 份分别加入乙醇和 10% NaOH 溶液；加入时，逐滴加入，并注意摇匀，直至无颜色变化为止。

实验过程中应注意观察颜色变化并分析其原因。

五、思考题

淀粉被水解后，当单糖分子数至少为多少时才与碘呈蓝色反应？

实验三 杜氏（Tollen）实验鉴定戊糖

一、实验目的

掌握杜氏实验鉴定戊糖的原理和方法。

二、实验原理

戊糖在浓硫酸溶液中脱水生成糠醛，后者与间苯三酚结合成樱桃红色物质。

本实验虽常用于鉴定戊糖，但并非戊糖的特有反应。果糖、半乳糖和糠醛等都呈阳性反应，但戊糖反应最快，通常在 45 s 内即产生樱桃红色沉淀。

三、实验器材

（1）吸管 1.0 mL;

（2）试管 1.5 cm×15 cm;

（3）水浴锅。

四、实验试剂

（1）杜氏试剂：2%间苯三酚乙醇溶液（2 g 间苯三酚溶于 100 mL 95%乙醇中）3 mL，缓缓加入 15 mL 浓盐酸及 9 mL 蒸馏水即得，用时临时配制。

（2）1%阿拉伯糖溶液：称取阿拉伯糖 1 g，溶于蒸馏水，并稀释至 100 mL。

（3）1%葡萄糖溶液。

（4）1%半乳糖溶液：称取半乳糖 1 g，溶于蒸馏水，并稀释至 100 mL。

五、实验操作

在三支试管中分别加入 1 mL 杜氏试剂，再分别加入 1%葡萄糖溶液、1%半乳糖溶液和1%阿拉伯糖溶液各 1 滴，摇匀。将试管同时放入沸水浴锅中，观察颜色变化，并记录颜色变化的时间。

六、注意事项

（1）试管中加入各种糖后，应做好标记，并按顺序置于沸水浴锅中。

（2）实验过程中，要仔细观察溶液颜色的变化情况。

七、思考题

（1）在杜氏反应分析位置样品时，应注意些什么问题？

（2）列表总结和比较本实验三种颜色反应的原理及其应用。

实验四 总糖的测定：蒽酮比色法

一、实验目的

（1）掌握蒽酮法测定可溶性糖含量的原理和方法。

（2）学习植物可溶性糖的一种提取方法。

二、原理

糖类在较高温度下可被浓硫酸作用而脱水生成糠醛或羟甲基糖醛，而后与蒽酮（$C_{14}H_{10}O$）脱水缩合，形成糠醛的衍生物，并呈蓝绿色。该物质在620 nm处有最大的吸收峰，在150 g/mL范围内，其颜色的深浅与可溶性糖含量呈正比。

这种方法具有很高的灵敏度，糖含量在30 μg左右就能进行测定，所以可作为微量测糖使用。一般样品少的情况下，采用这种方法比较合适。

三、仪器、试剂和材料

（1）仪器：电热恒温水浴锅，分光光度计，电子天平，容量瓶，刻度吸管等。

（2）试剂：

1）葡萄糖标准液：100 μg/mL；

2）浓硫酸；

3）蒽酮试剂：0.2 g蒽酮溶于100 mL浓硫酸中，当日配制使用。

（3）材料：秸秆。

四、操作步骤

1. 葡萄糖标准曲线的制作

（1）取7支大试管，按表1-4-1数据配制一系列不同浓度的葡萄糖溶液。

表1-4-1

管号	1	2	3	4	5	6	7
葡萄糖标准液/mL	0	0.1	0.2	0.3	0.4	0.6	0.8
蒸馏水/mL	1	0.9	0.8	0.7	0.6	0.4	0.2
葡萄糖含量/μg	0	10	20	30	40	60	80

（2）在每支试管中立即加入4 mL蒽酮试剂，迅速浸于冰浴锅中冷却，各管加完后一起浸于沸水浴锅中。管口加盖，以防蒸发。自水浴重新煮沸起，准确煮沸10 min取出，用冰浴冷却至室温，在620 nm波长下以第一管为空白，迅速测其余各管吸光值。

（3）以标准葡萄糖含量（μg）为横坐标，以吸光值为纵坐标，作出标准曲线。

2. 植物样品中可溶性糖的提取

将样品剪碎至2 mm以下，105℃烘干至恒重，精确称取1～5 g，置于50 mL三角瓶中，加沸水 25 mL，加盖，超声提取 10 min；冷却后过滤（抽滤），残渣用沸蒸馏水反复洗涤并过滤（抽滤），滤液收集在 50 mL 容量瓶中，定容至刻度，得到提取液。

3. 稀释

吸取提取液 2 mL，置于另一个 50 mL 容量瓶中，以蒸馏水稀释定容，摇匀。

4. 测定

吸取 1 mL 已稀释的提取液置于试管中，加入 4 mL 蒽酮试剂，制备 3 个平行样品；空白管以等量蒸馏水取代提取液。其余操作同标准曲线制作。根据 A_{620} 平均值在标准曲线上查出葡萄糖的含量（μg）。

五、结果处理

$$样品含糖量(\%)=\frac{C\times V_{总}\times D}{WV_{测}\times 10^{6}}\times 100\%$$

式中 C——在标准曲线上查出的糖含量，μg；

$V_{总}$——提取液总体积，mL；

$V_{测}$——测定时取用体积，mL；

D——稀释倍数；

W——样品重量，g；

10^{6}——样品重量单位由 g 换算成 μg 的倍数。

六、注意事项

该法的特点是几乎可测定所有的碳水化合物。不但可测定戊糖与己糖，且可测所有寡糖类和多糖类，包括淀粉、纤维素等（因为反应液中的浓硫酸可把多糖水解成单糖而发生反应）。所以用蒽酮法测出的碳水化合物含量，实际上是溶液中全部可溶性碳水化合物的总量。在没有必要细致划分各种碳水化合物的情况下，用蒽酮法可以一次测出总量，省去许多麻烦，因此有特殊的应用价值。但在测定水溶性碳水化合物时，则应注意切勿将样品的未溶解残渣加入反应液中，否则会因为细胞壁中的纤维素、半纤维素等与蒽酮试剂发生反应而增加测定误差。此外，不同的糖类与蒽酮试剂的显色深度不同，果糖显色最深，葡萄糖次之，半乳糖、甘露糖较浅，五碳糖显色更浅，故测定糖的混合物时，常因不同糖类的比例不同造成误差，但测定单一糖类时则可避免此种误差。

实验五 总糖和还原糖含量的测定

一、目的要求

掌握还原糖和总糖的测定原理，学习用比色法测定还原糖的方法。

二、实验原理

在 NaOH 存在的条件下，3，5-二硝基水杨酸（DNS）与还原糖共热后被还原生成氨基化合物。在过量的 NaOH 碱性溶液中，此化合物呈棕红色，在 540 nm 波长处有最大吸收，在一定的浓度范围内，还原糖的量与光吸收值呈线性关系，利用比色法可测定样品中的含糖量。

OH NO_2 HOOC— NO_2 （DNS） ＋ 还原糖 ⟶ OH NO_2 HOOC— NO_2 （3-氨基-5-硝基水杨酸）

三、试剂和器材

1. 试剂

（1）3，5-二硝基水杨酸（DNS）试剂：称取 6.5 g DNS 溶于少量热蒸馏水中，溶解后移入 1000 mL 容量瓶中，加入 2 mol/L NaOH 溶液 325 mL，再加入 45 g 丙三醇，摇匀，冷却后定容至 1000 mL。

（2）葡萄糖标准溶液：准确称取干燥恒重的葡萄糖 100 mg，加少量蒸馏水溶解后，以蒸馏水定容至 100 mL，即葡萄糖浓度为 1.0 mg/mL。

（3）6 mol/L HCl：取 250 mL 浓盐酸（35%～38%），用蒸馏水稀释到 500 mL。

（4）I_2-KI 溶液：称取 5 g 碘，10 g 碘化钾，溶于 100 mL 蒸馏水中。

（5）6 mol/L NaOH：称取 120 g NaOH，溶于 500 mL 蒸馏水中。

（6）0.1%酚酞指示剂。

2. 材料

山芋淀粉。

3. 器材

723 型分光光度计，分析天平，水浴锅，研钵，烧瓶，试管若干等。

四、操作

1. 葡萄糖标准曲线制作

取干净试管 6 支，按表 1-5-1 进行操作，在波长 540 nm 下测吸光度。以吸光值为纵坐标，各标准溶液的浓度（mg/mL）为横坐标，作图得标准曲线。

表 1-5-1 3，5-二硝基水杨酸法定糖—标准曲线的制作

管号试剂	0	1	2	3	4	5
标准葡萄糖溶液/mL	0	0.2	0.4	0.6	0.8	1.0
蒸馏水/mL	1.0	0.8	0.6	0.4	0.2	0
DNS 试剂/mL	2.0	2.0	2.0	2.0	2.0	2.0
沸水浴锅中准确煮沸 5 min，取出，用自来水冷却至室温						
蒸馏水/mL	9.0	9.0	9.0	9.0	9.0	9.0
葡萄糖含量/mg	0	0.2	0.4	0.6	0.8	1.0

2. 样品中还原糖的提取与测定

准确称取山芋淀粉 0.5 g，加蒸馏水 3 mL，在研钵中磨成匀浆，转入三角烧瓶中，并用约 30 mL 的蒸馏水冲洗研钵 2～3 次，洗出液也转入三角烧瓶中。在 50℃恒温水浴锅中保温 0.5 h，不时搅拌，使还原糖浸出。将浸出液（含沉淀物）转移到 100 mL 离心管中，在 4000 r/min 下离心 5 min；沉淀物用 20 mL 蒸馏水洗一次，再离心，将两次离心的上清液合并，用蒸馏水定容至 100 mL，混匀，作为还原糖待测液。

取 1 mL 待测液进行还原糖含量测定。

3. 样品总糖的水解及提取

同步骤 2 将淀粉溶于三角烧瓶中，向烧瓶中加入 6 mol/L 的 HCl 10 mL，搅拌均匀后在沸水浴锅中水解 0.5 h，取出 1～2 滴置于白瓷板上，再加 1 滴 I_2-KI 溶液检查水解是否完全。如已水解完全，则不呈现蓝色。水解完毕，冷却至室温后加入 1 滴酚酞指示剂，以 6 mol/L 的 NaOH 溶液中和至溶液呈微红色，并用蒸馏水定容至 100 mL。过滤，取滤液 10 mL 置于 100 mL 容量瓶中，用蒸馏水定容至刻度，混匀，即为稀释 1000 倍的总糖水解液。

取 1 mL 总糖水解液，测定其还原糖含量。

五、结果处理

各浓度标准葡萄糖溶液按表 1-5-1 进行反应后，以吸光值为纵坐标，各标准溶液的浓度（mg/mL）为横坐标，作图得标准曲线。

注意事项：标准曲线制作与样品含糖量测定应同时进行，一起显色和比色。

六、思考题

（1）简述 3，5-二硝基水杨酸法测定还原糖的原理。

（2）本实验中 HCl、NaOH 和 I_2-KI 溶液的作用是什么？

实验六　可溶性糖的提取和薄层层析分离

一、实验目的

（1）糖类是自然界存在的数量非常多的有机化合物。它是构成植物躯体和细胞的必要物质，又是生命活动能量的主要来源，与植物体内各类物质代谢密切相关。分离鉴定植物组织中可溶性糖的种类及其变化，对于了解植物体内物质代谢和农产品的品质，具有重要意义。

（2）掌握薄层层析的操作技术。本实验通过薄层层析法，分离鉴定植物组织中可溶性糖的种类。通过本实验，学习提取植物材料中可溶性糖的一般方法，掌握薄层层析的原理、技术及其在糖类定性鉴定中的应用。

（3）了解薄层层析的原理、方法及应用。

二、实验原理

薄层层析是以涂布于玻璃板或涤纶片等载体上的基质为固定相，以液体为流动相的一种层析方法。这种层析方法是把吸附剂等物质涂布于载体上形成薄层，然后按照纸层析操作进行展层分离。

植物组织中的可溶性糖可用一定浓度的乙醇提取出来。经去杂质手续，除去糖提取液中的蛋白质等干扰糖测定的物质，获得较纯的可溶性糖的混合液。糖为多羟基化合物。具有较强的极性，在硅胶G层上展层时，与硅胶分子间有一定的吸附力。各种糖羟基多少不同，造成吸附力的差异。该吸附力的大小顺序为：三糖＞二糖＞己糖＞戊糖。根据吸附层析原理，极性不同的糖在硅胶G层上展层时，具有不同的R_f值。通过比较，即可分离开极性不同的糖并且鉴定植物样品提取液中糖的种类。

三、试剂与器材

1. 试剂

（1）硅胶，乙酸乙酯，石油醚，羧甲基纤维素钠。

（2）苯胺-二苯胺-磷酸显色剂：2 g 二苯胺，加 2 mL 苯胺，10 mL 85%磷酸，1 mL 浓盐酸，100 mL 丙酮，溶解后摇匀，置于棕色瓶中备用。

（3）0.1 mol/L 硼酸溶液：称 6.18 g 溶解后定容至 1000 mL；每组 30 mL。

（4）氯仿：冰乙酸：水＝30:35:5。

（5）1%标准糖溶液（10 mg/mL）：葡萄糖溶液，蔗糖溶液，麦芽糖溶液，木糖溶液。

2. 器材

毛细管，研钵，载玻片，搅拌棒，称量勺，展开缸，量筒（100 mL），恒温水浴，涂布器，烘箱，喷雾器，吹风机。

3. 材料

小麦面粉。

四、实验步骤

1. 铺板硅胶G薄板的制备

称取硅胶G粉10 g，羧甲基纤维素钠0.1 g，加入0.1 mol/L硼酸溶液35 mL，在研钵内充分研磨，进行涂布制作，薄层的厚度大约为0.25 mm。铺层后的薄板放在80～100℃烘箱中烘干，取出后放在干燥器上备用，也可以在室温下风干过夜，用前于110℃烘箱中活化1 h使用。铺板用的匀浆不宜过稠或过稀：过稠，板容易出现拖动或停顿造成的层纹；过稀，水蒸发后，板表面较粗糙。匀浆配比一般是硅胶G:水＝1:（2～3），硅胶G:羧甲基纤维素钠水溶液＝1:2。研磨匀浆的时间，根据经验来定，与空气湿度有关，一般通过拿起研棒时匀浆下滴的情况来判断，越稠越难下滴。匀浆的稀稠除影响板的平滑外，也影响板涂层的厚度，进一步影响上样量。涂层薄，点样易过载，涂层厚，显色不那么明显。通常，板的质量对薄层鉴别的影响不是很大，影响最大的是展开剂的配制和展开系统的饱和。

2. 面粉中可溶性糖提取液的制备

称取小麦面粉5 g，放入100 mL烧杯中，加入40 mL水搅匀，置于50℃恒温水浴锅中，浸提1 h。倒入大离心管中，在3000 r/min下离心5 min，上清液即为糖提取液。

3. 面粉提取液中可溶性糖的分离鉴定

取活化过的硅胶G玻璃板一块，在距底边0.2 cm水平线上确定2个点，2个点相互间隔0.2～0.3 cm。其中1个点点上木糖、葡萄糖、麦芽糖和蔗糖标准混合溶液各3 μL或适量，另一个点点上面粉提取液3 μL或适量。

4. 点样

尽量用小的点样管。如果有足够的耐性，最好只用1 μL的点样管。这样，点的斑点较小，展开的色谱图分离度好，颜色分明。点好样的薄层板用电吹风的热风吹干或放入干燥器里晾干。

点样的时候应该注意：选均匀平整的硅胶板点样；不能画起始线；确保样点直径$d \leqslant 0.3$ cm。

5. 展开

等待样点干燥，混匀试剂后放入展开。

展开系统的饱和：一般使用的是双槽的展开缸，一槽用来放展开剂（石油醚），另一槽可加入氨水或硫酸。把待展开的板放入两槽间的平台，斜架着，盖上展开缸的盖子。让展开剂的蒸汽充满展开缸，并使薄层板吸附蒸汽达到饱和，防止边沿效应，饱和时间在0.5 h左右。展开时难免要打开盖子把薄层板放入展开剂中，不过对薄层板与蒸汽的吸附平衡影响不大，当然动作应该尽量轻、快。

展开后取出画下溶剂前沿线。

展开剂的配制：选择合适的量器把各组成溶剂移入分液漏斗，强烈振、摇，使混合液充分混匀。放置，如果分层，取用体积大的一层作为展开剂。绝对不应该把各组成溶液倒入展开缸，振、摇展开缸来配制展开剂。混合不均匀和没有分液的展开剂，会造成层析的完全失败。

本次实验以氯仿:冰乙酸:水＝30:35:5 为展开剂上行展层，当展开剂前沿到达距薄板顶端 1 cm 处，停止层析。

6. 显色

计算比移值（R_f值）并判断。

取出玻璃板用吹风机吹干。然后用苯胺-二苯胺-磷酸喷雾，在 85℃烘箱中烘 10 min，各种糖即显出不同颜色。与标准糖比较，根据色斑颜色及 R_f值即可鉴定出面粉提取液中的可溶性糖种类。

$$R_f = \text{原点到层析斑点中心距离} / \text{原点到溶剂前沿中心距离}$$

五、思考题

（1）薄层层析的原理是什么？本次实验中薄层层析是根据被分离物质的哪些性质进行分离的？

（2）什么是比移值（R_f值）？其作用是什么？

（3）出现的色带分别是什么？

（4）这次实验可以怎样应用到大规模的工业化生产中呢？

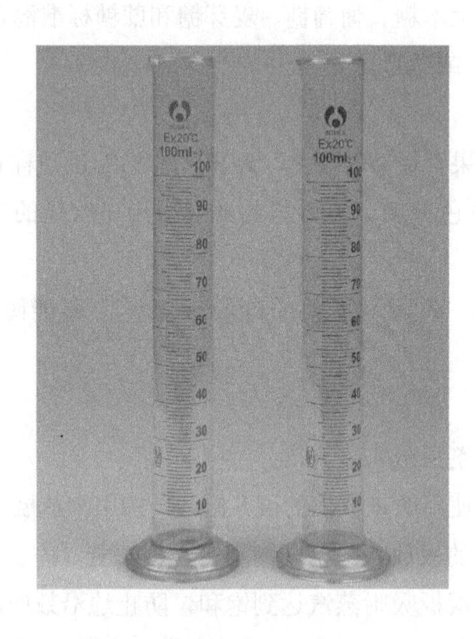

实验七 糖的旋光性和变旋现象

一、实验目的

（1）了解糖的变旋现象，掌握用糖的旋光性测定糖的浓度的方法。

（2）学会使用旋光仪。

二、实验原理

光是一种电磁波，光波振动的方向与光的前进方向垂直。普通光的光波在各个不同的方向上振动。但如果让它通过一个尼科尔（Nicol）棱镜（用冰洲石制成的棱镜），则透过棱镜的光就只在一个方向（偏振面）上振动，这种光就称作平面偏振光。偏振光能完全通过晶轴与其偏振面平行的尼科尔棱镜，而不能通过晶轴与其偏振面垂直的尼科尔棱镜（见图 1 和图 2）。

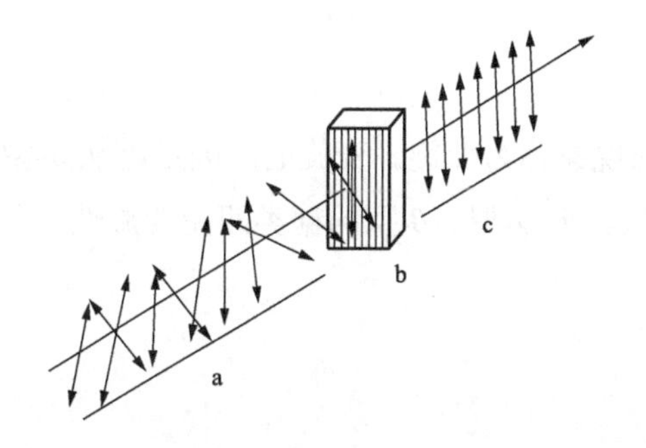

图 1 偏振光

1—普通光；2—尼克尔棱晶；3—偏振光

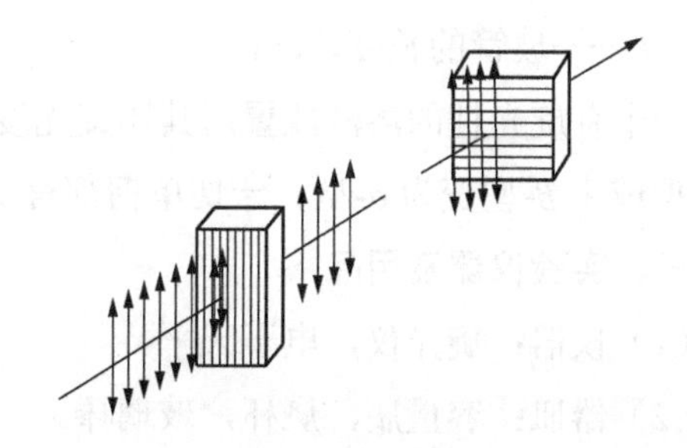

图 2 偏振光通过位置不同的尼格尔棱晶

当平面偏振光通过某种介质时，有的介质对偏振光没有作用，即透过介质的偏振光的偏振面保持不变。而有的介质却能使偏振光的偏振面发生旋转。这种能旋转偏振光的偏振面的性质称作旋光性。具有旋光性的物质称作旋光性物质或光活性物质。具有不对称结构的手性化合物都有旋光性（见图 3）。

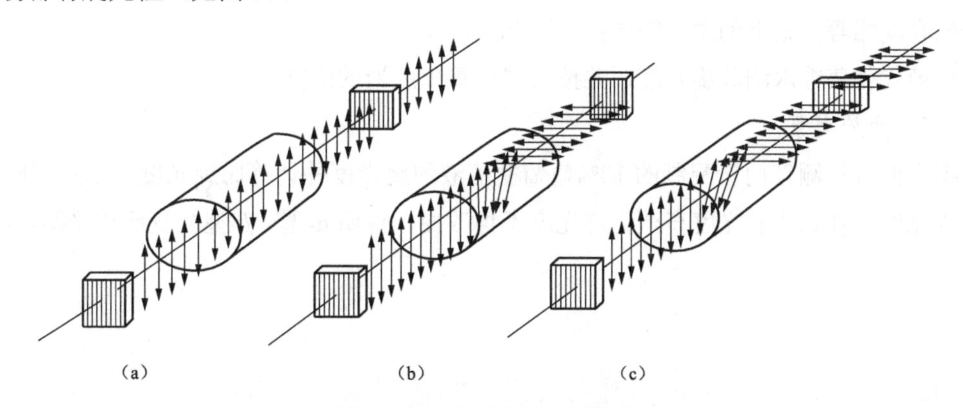

（a） （b） （c）

图 3 旋光物质的旋光性测定

（a）非旋光物质；（b）旋光性物质（不透过）；（c）旋光性物质（透过）

能使偏振光的偏振面向右旋转的物质，称作右旋物质；反之，称作左旋物质。通常用“d”或“＋”表示右旋；用“l”或“－”表示左旋。偏振光的偏振面被旋光物质所旋转的角度，称作旋光度，用“α”表示。

旋光度的大小不仅取决于物质的本性，还与溶液的浓度、液层的厚度、光的波长、测定温度以及溶剂的性质等有关。

偏振光通过厚度为 1 dm，浓度含有 1 g/mL 的待测物质的溶液所测得的旋光度称为比旋光度［α］。它是物质的一个特性常数，如下式所示：

$$[\alpha]\lambda t=\alpha/cl$$

式中 t——测定时的温度；

λ——测定时所用光源的波长；

α——实测的旋光度；

c——溶液的浓度，g/mL；

l——玻管的长度，dm。

一个有旋光性的溶液放置后其比旋光度改变的现象称为变旋。变旋的原因是糖从 α-型变为 β-型或由 β-型变为 α-型。一切单糖都有变旋现象。无 α-型、β-型的糖类即无变旋性。

三、实验仪器及用品

（1）仪器：旋光仪，电子天平。

（2）器皿：容量瓶，烧杯，玻璃棒。

（3）试剂：未知浓度的蔗糖溶液，10%葡萄糖溶液。

四、实验内容及步骤

1. 利用糖的旋光性测定糖的浓度

转开样品管螺母，洗净玻璃管，然后向管中注满蒸馏水，盖上玻璃片。注意管中不能有气泡，玻璃片上的水渍必须擦干。

把样品放入旋光仪内，打开电源，待钠光源稳定 1～2 min 后，转动刻度盘，使目镜中两个半圆的亮度相等，记下刻度盘的读数，以此为零点。

用蔗糖代替蒸馏水测其旋光度，并按公式计算出蔗糖的浓度。

2. 糖的变旋现象

根据上面方法测订用新配制的 10%葡萄糖溶液的旋光度并计算比旋光度，以后每隔 2 h 测定其旋光度，计算比旋光度直至比旋光度不再改变，说明 α-型、β-型互变已达平衡。

实验八 甲壳素和壳聚糖的制备及测定

一、目的要求

（1）了解和掌握甲壳素和壳聚糖的制备方法。

（2）掌握壳聚糖的测定方法。

二、实验原理

1. 甲壳素

甲壳素（Chitin，音译几丁）又称甲壳质、壳多糖、几丁质等。它是在1811年，被法国科学家H·Braconnot在进行蘑菇研究时，从霉菌中发现的。在蟹等硬壳中，甲壳素含量为15%～20%，碳酸钙含量约75%。甲壳素是聚-2-乙酰氨基-2-脱氧-D-吡喃葡萄糖，以*β*-（1→4）糖苷键连接而成，是一种线性的高分子多糖，即天然的中性黏多糖。它的分子结构与纤维素有些相似，基本单位是壳二糖（chitobiose）。其结构式如下：

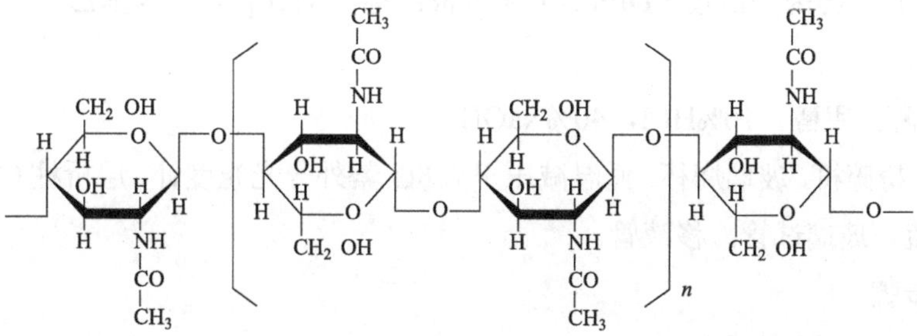

甲壳素通常都是与大量的无机盐和壳蛋白紧密结合在一起的。因此，制备甲壳素主要有脱钙和脱蛋白两个过程。用稀盐酸浸泡虾、蟹壳，然后再用稀碱液浸泡，将壳中的蛋白质萃取出来，最后剩余部分就是甲壳素。

在日化工业上，壳聚糖可作为化妆品和护发素的添加剂，起保护皮肤、固定发型的作用。在农业上，用壳聚糖处理的植物种子，可以增强抗病虫害的能力，提高产量。在水果加工中，壳聚糖溶剂可使水果保鲜度延长数月。

2. 壳聚糖

采用不同的方法可以获得不同脱乙酰程度的壳聚糖。最简单、最常用的是采用碱性液处理的脱乙酰方法。即将已制备好的甲壳素用浓的氢氧化钠在较高温度下处理，就可得到脱乙酰壳多糖。

测定甲壳素脱乙酰基的程度，实际上可以通过测定壳聚糖中自由氨基的量来确定。壳聚糖中自由氨基含量越高，脱乙酰程度就越高，反之亦然。壳聚糖中脱乙酰程度的大小直接影响它在稀酸中的溶解能力、黏度、离子交换能力和絮凝能力等，因此壳聚糖的脱乙酰程度大小是产品质量的重要标准。脱乙酰度的测定方法很多，如酸碱滴定法、苦味酸法和水杨醛法等。

本实验采用苦味酸法测定壳聚糖的脱乙酰度。苦味酸通常用于不溶性高聚物的氨基含量的测定。在甲醇中，苦味酸可以与游离氨基在碱性条件下发生定量反应。同样，苦味酸也可以与甲壳素和壳聚糖中游离氨基发生反应。由于甲壳素和壳聚糖均不溶于甲醇，而二异丙基乙胺能与结合到多糖上的苦味酸形成一种可溶于甲醇的盐，这种盐能从多糖上释放出来。该盐在 358 nm 的吸光值与其浓度（0～115 μmol/L）呈线性关系。通过光吸收法测定这种盐的浓度，即可推算出甲壳素和壳聚糖上氨基的数量，进而计算出样品的脱乙酰度。此法的优点是：适用于从高乙酰度到不含乙酰的宽范围，无需复杂设备。

三、原料、试剂和器材

（1）原料：新鲜虾壳。

（2）试剂：

1）10 mo1/L 苦味酸甲醇液：称取苦味酸（picric acid，又称三硝基苯酚）2290.0 g，定容于 1 L 甲醇液中。0.1 mol/L 和 0.1 mmol/L 苦味酸甲醇液由 10 mol/L 苦味酸甲醇液稀释得到。

2）0.1 mol/L 二异丙基乙胺（DIPEA）甲醇液：称取 10.1 g 二异丙基乙胺，定容于 1 L 的甲醇液中。

3）无水乙醇，甲醇，10%HCl，40%NaOH。

（3）器材：粉碎机，玻璃烧杯，低温减压干燥机，紫外分光光度计，层析柱（内径 0.5 cm×10 cm），抽滤瓶，玻璃试管，移液管。

四、实验步骤

1. 甲壳素和壳聚糖的制备

（1）清洗处理。收集对虾头及外壳，去掉枪刺，用水洗净，晒干或烘干，经粉碎机粉碎、过筛得虾头皮粉。

（2）脱钙。将虾头皮粉倒入玻璃烧杯中，加入 2～5 倍量的 10%的 HCl，在室温条件下，搅拌 3 h，然后抽滤，用水洗滤渣至 pH 值为 7.0，干燥后即得脱碳酸盐虾头皮粉。

（3）脱脂。将脱碳酸盐虾头皮粉移入另一个玻璃烧杯内，加入 2 倍量的 4%的 NaOH 溶液，加热至 85℃，恒温搅拌 3～4 h；然后抽滤，收集滤渣，用水洗滤渣至中性，干燥即得甲壳素粗品。

（4）酸处理。将甲壳素粗品移入玻璃烧杯中，加入 2～3 倍的 10%的 HCl，加热到 60℃，搅拌 15 min 左右，然后抽滤，滤液用水洗至中性，干燥即得甲壳素产品。

2. 壳聚糖的制备

（1）脱乙酰基。将甲壳素倒入玻璃烧杯中，加入 2 倍量的 40%的浓 NaOH 溶液，加热到 110℃以上，搅拌反应 1 h，滤除碱液，用水洗至中性。依脱乙酰度的不同要求，重复用浓碱处理 1～2 次，滤除碱液，水洗至中性，压挤至干，吊干产品。

（2）干燥。将吊干的湿产品置于石灰缸或干燥器中干燥，即得壳聚糖产品。

3. 壳聚糖的脱乙酰度测定

配制五种不同浓度的二异丙基乙胺（DIPEA）苦味酸的甲醇溶液。每份吸取 0.1 mol/L 的二异丙基乙胺（DIPEA）甲醇溶液 1.0 mL，分别添加 0.1、0.2、0.3、0.4、0.5 mL 的 100 μmol/L 苦味酸甲醇液，再用甲醇液补充至 10.0 mL，DIPEA-苦味酸浓度分别为：10、20、30、40、50 μmol/L。混匀后在波长 358 nm 处测出相应的吸光值。以吸光值为纵坐标，DIPEA-苦味酸的浓度（μmol/L）为横坐标，作出标准曲线。

准备一支小玻璃层析柱（内径 0.5 cm×10 cm），并精确称重，然后将壳聚糖样品（5～30 mg）粉碎成细末后装填到小层析柱内，再精确称重。两次称量值之差即为样品质量（mg）。将 0.1 mol/L 二异丙基乙胺（DIPEA）甲醇溶液缓慢流过小层析柱，共用 15 min，再用 10 mL 甲醇液淋洗，除去多糖样品上残留的盐。然后将 0.5～1.0 mL 0.1 mol/L 苦味酸的甲醇溶液。慢慢地加入柱中，室温下苦味酸与样品中的氨基反应 6 h，形成苦味酸多糖复合物，接着用速度为 0.5 mL/min 的甲醇液 30 mL 淋洗，将没有结合到氨基上的苦味酸完全淋洗出来。再将 0.5～1.0 mL 0.1 mol/L 二异丙基乙胺（DIPEA）甲醇液缓慢地加入柱内，保持 30 min，然后用约 8 mL 甲醇液淋洗柱子，收集洗脱液，并用甲醇液准确地补足到 10 mL。

测定收集的可溶性 DIPEA-苦味酸甲醇溶液在 358 nm 的吸光值（必要时作适当稀释），根据标准曲线可得知其浓度。该甲醇盐溶液摩尔消光系数为 15 650 L/（mol • cm），也可以利用该值直接计算出其浓度。

脱乙酰度的计算：

$$\text{乙酰度(d. a.)} = \frac{m-161n}{M+42n}$$

式中 m ——样品质量，mg；

n ——从样品上洗脱出来的苦味酸的物质的量，mmol；

161 ——D-葡萄糖胺残基的摩尔质量，mg/mmol；

42 ——N-乙酰-D-葡萄糖胺摩尔质量减去 D-葡萄糖胺摩尔质量的差值，mg/mmol。

五、思考题

（1）甲壳素和壳聚糖在化学结构上有哪些异同点？

（2）壳聚糖有哪些用途？

第二章 脂类测定技术

脂类是低溶于水，高溶于非极性溶剂的有机分子。可分为三种：①单纯脂质，包括三酰甘油和蜡，没有极性基因，是非极性脂，又称中性脂；②复合脂质，包括磷脂；③衍生脂质，由单纯脂质和复合脂质衍生而来，或与之关系密切的物质。在生物学作用为贮存能量，构成体质和生物活性物质。

本章共 5 个脂类相关实验，主要包括索式抽提法测定粗脂肪的含量，Hanes 法测定碘价，以及皂化价、油脂酸价和脂肪酸价的测定。

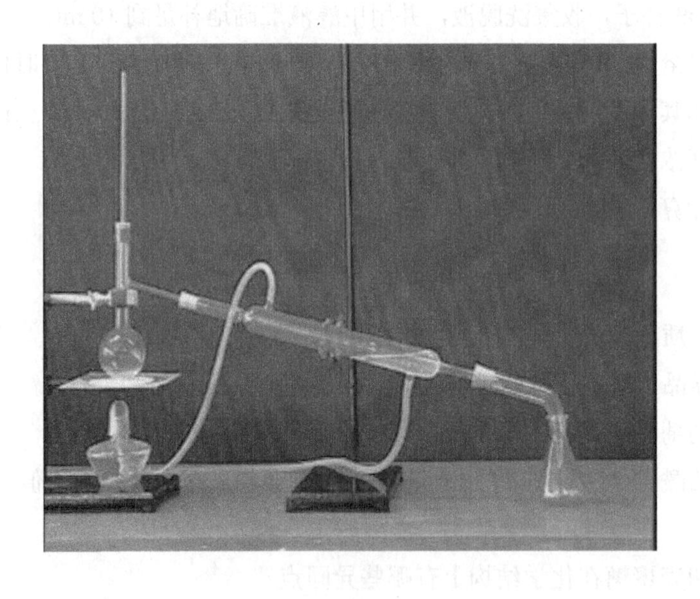

实验九 粗脂肪含量的测定（索氏抽提法）

一、实验目的

（1）了解索氏抽提法测定粗脂肪含量的原理。

（2）掌握索氏抽提法测定粗脂肪含量的操作方法。

（3）测定脂肪的含量，可以作为鉴别样品品质优劣的一个指标。

二、实验原理

脂肪含量的测定有很多方法，如抽提法、酸水解法、比重法、折射法、电测和核磁共振法等。目前国内外普遍采用抽提法，其中索氏抽提法（Soxhlet extractor method）是公认的经典方法，也是我国粮油分析首选的标准方法。

本实验采用索氏抽提法中的残余法，即用低沸点有机溶剂（乙醚或石油醚）回流抽提，除去样品中的粗脂肪，以样品与残渣重量之差，计算粗脂肪含量。由于有机溶剂的抽提物中除脂肪外，还或多或少含有游离脂肪酸、甾醇、磷脂、蜡及色素等类脂物质，因而抽提法测定的结果只能是粗脂肪。

三、实验材料、主要仪器和试剂

1. 实验材料

油料作物种子（花生）、中速滤纸。

2. 仪器

SZF-06A 脂肪仪，干燥器（直径 15～18 cm，盛变色硅胶），不锈钢镊子（长 20 cm），培养皿，分析天平，称量瓶，恒温水浴锅，烘箱。

3. 试剂

无水乙醚或低沸点石油醚（A.R.）。

四、操作步骤

1. 准备

将滤纸切成 4 cm×4 cm，叠成一边不封口的纸包，用硬铅笔做好记号，将滤纸包称重（记作 a）。

2. 包装和干燥

将花生研碎，称取约 0.2 g 样品放入上述已称重的滤纸包中装入，封好包口称重（记作 b）。

3. 抽提

将装有样品的滤纸包用长镊子放入抽提筒中，向其中注入约 20 mL 的无水乙醚，使样品包完全浸没在乙醚中。连接好抽提器各部分，接通冷凝水水流，在恒温水浴锅中进行抽提，调节水温为 55～60℃，使冷凝下滴的乙醚成连珠状，抽提至抽取筒内的乙醚用滤纸点滴检查无油迹为止（约 1 h）。抽提完毕后，用长镊子取出滤纸包，提取瓶中的乙醚另行回收。

4. 称重

待乙醚挥发后，将滤纸包置于 65℃烘箱中干燥 8 min，放入干燥器冷却至恒重为止（记作 c）。

五、结果与计算

$$粗脂肪含量=（b-c/b-a）\times 100\%$$

式中 a——滤纸包重，g；

b——滤纸包和烘干样重，g；

c——滤纸包和抽提后烘干残渣重，g。

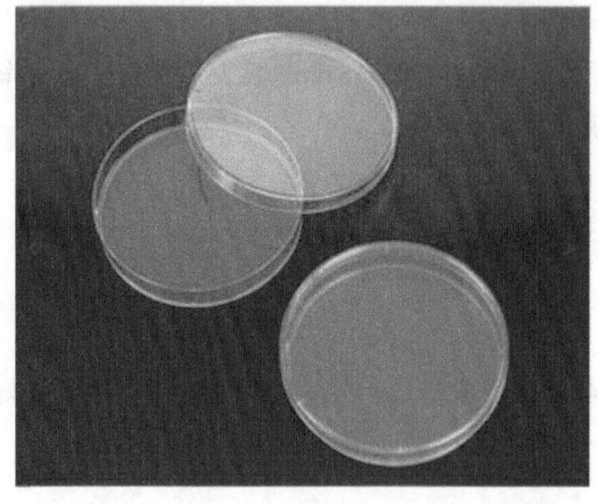

实验十 碘价的测定（Hanes 法）

一、实验目的

掌握碘价测定的原理和方法。

二、实验原理

在适当条件下，不饱和脂肪酸的不饱和键能与碘、溴或氯起加成反应。脂肪分子中如含有不饱和脂酰基，即能吸收碘。100 g 脂肪所吸收碘的克数称为碘价。碘价的高低表示脂肪不饱和度的大小。

由于碘与脂肪的加成作用很慢，故在 Hanes 试剂中加入适量溴，使其产生溴化碘（IBr），再与脂肪作用。将一定量（过量）的溴化碘（Hanes 试剂）与脂肪作用后，测定溴化碘剩余量，即可求得脂肪的碘价。本法的反应如下：

$$I_2+Br_2 \longrightarrow 2IBr\text{（Hanes 试剂）}$$

$$KI+CH_3COOH \longrightarrow HI+CH_3COOK$$

$$HI+Ibr \longrightarrow HBr+I_2$$

$$I_2+2Na_2S_2O_3 \longrightarrow 2NaI+Na_2S_4O_6\text{（滴定）}$$

三、实验试剂及材料、仪器

1. Hanes 试剂

将 13.20g 升华碘溶于 1000 mL 冰醋酸（99.5%）内，溶解时可将冰醋酸分次加入，并置于水浴锅中加热助溶；冷却后，加适当溴（约 3 mL）使卤素值增高一倍。将此溶液储于棕色瓶中待用。

2、15%碘化钾溶液

称取 150 g 碘化钾溶于水，稀释至 1000 mL。

3. 标准硫代硫酸钠溶液（约 0.1N）

将 25 g 纯硫代硫酸钠晶体（$Na_2S_2O_3 \cdot 5H2O$）溶（C·P 以上规格）于经煮沸后冷却的蒸馏水中，稀释至 1000 mL，此溶液中可加入少量（约 50 mg）$Na_2S_2O_3$，数日后标化。

标化方法：称取 0.15～0.20 g 在 1200℃干燥至恒重的基准重铬酸钾 2 份，分别置于两个 500 mL 碘瓶中，各加水约 30 mL 使其溶解，加入 2.0 g 固体碘化钾及 10 mL 6N HCl；混匀，塞好，置暗处 3 min，然后加入 200 mL 水稀释，用 $Na_2S_2O_3$ 溶液滴定；当溶液由棕变黄后，加 3 mL 淀粉溶液，继续滴定至呈淡绿色为止，计算 $Na_2S_2O_3$ 溶液的准确浓度。

滴定的反应：

$$K_2Cr_2O_7+6I^-+14H^+ \longrightarrow 2K^++2Cr^{3+}+3I^{2-}+7H_2O$$

$$I_2+2S_2O^{2-} \longrightarrow 2I^-+S_4O^{2-}$$

4. 1%淀粉溶液

四、实验方法

准确称取 0.2 g 脂肪，置于碘瓶，加 10 mL 氯仿做溶剂。待脂肪溶解后，加入 Hanes 试剂 20 mL（注意勿使碘液沾在瓶颈部），塞好碘瓶，轻轻摇动，摇动时应避免溶液溅至瓶颈部及塞上。混匀后，置暗处（或用黑布包裹碘瓶）30 min。在另一碘瓶中置同量试剂，但不加脂肪，做空白试验。

60 min 后，先注少量 15%碘化钾溶液于碘瓶口边上，将玻塞稍稍打开，使碘化钾溶液流入瓶内，并继续由瓶口边缘加入碘化钾溶液，共加 20 mL，再加水 100 mL，混匀，两个样品一起加入，终止反应。随即用标准 $Na_2S_2O_3$ 溶液滴定。初加 $Na_2S_2O_3$ 钠溶液时可较快，待瓶内液体呈淡黄色时，加 1 mL 淀粉溶液，继续滴定，滴定将近终点时（蓝色已淡），可加塞振荡，使其与溶于氯仿中的碘完全作用，继续滴定至蓝色恰恰消失为止，记录所用 $Na_2S_2O_3$ 溶液量，用同样的方法滴定空白管。

按下式计算碘价：

$$碘价=\frac{(B-S)N}{脂肪重量(g)}\times\frac{126.9}{1000}\times100$$

式中 B——滴定空白所耗 $Na_2S_2O_3$ 溶液毫升数；

S——滴定样品所耗 $Na_2S_2O_3$ 溶液毫升数；

N——$Na_2S_2O_3$ 溶液的当量浓度。

五、思考题

（1）测定碘价有何意义？

（在一定条件下，每 100 g 脂肪所吸收的碘的克数称为该脂肪的碘价。碘价越高，表明不饱和脂肪酸的含量越高。它是鉴定和鉴别油脂的一个重要常数。）

（2）加入 IBr 后，溶液为何要在暗处放置？

（在碘价测定过程中需要将其放在暗处，目的是防止 IBr 见光分解。）

（3）滴定过程中，为何淀粉溶液不能过早加入？

（淀粉的螺旋腔可以结合碘，从而使滴定结果变得不准确。）

实验十一 皂化价的测定

一、实验目的

掌握油脂皂化价的测定原理和方法。

二、实验原理

脂肪的碱水解称为皂化。皂化 1 g 脂肪所需的 KOH 的毫克数称为皂化价。脂肪的皂化价与相对分子质量呈反比，由皂化价的数值可知混合脂肪的平均相对分子质量。

三、仪器、试剂和材料

（1）豆油；蒸馏装置；酸碱滴定管；烧杯、玻璃棒、分析天平。

（2）0.100 mol/L NaOH 乙醇溶液。

（3）0.100 mol/L 标准 HCl 溶液：取浓盐酸 8.5 mL，加蒸馏水稀释至 1000 mL，然后对此溶液进行标定。

（4）70%乙醇：取 95%乙醇 70 mL，加蒸馏水稀释至 95 mL。

（5）1%酚酞指示剂：称取酚酞 1 g，溶于 100 mL 95%乙醇。

四、操作步骤

（1）在分析天平上称取脂肪 0.5 g 左右，置于 250 mL 烧瓶中，加入 0.1 mol/L NaOH 乙醇溶液 50 mL。

（2）烧瓶上装冷凝管在沸水浴锅中回流 30～60 min，至烧瓶中的脂肪完全皂化（此时瓶内液体澄清并无油珠出现，若乙醇被蒸发，可酌情补充适量 70%乙醇）。

（3）皂化完毕，冷至室温，加 1%酚酞指示剂 2 滴，以 0.1 mol/L HCl 溶液滴定剩余的碱（HCl 用量少时可用微量滴定管），记录 HCl 用量。

（4）另做一个空白实验。除不加脂肪外，其余操作均同上，记录空白实验 HCl 的用量。

五、结果计算

$$皂化价=[c\times(V_1-V_2)\times 56.1]/m$$

式中 c——HCl 的浓度；

V_1——空白实验消耗的 HCl 的毫升数；

V_2——脂肪实验消耗的 HCl 的毫升数；

m——脂肪的重量。

六、思考题

什么是皂化价？它有何意义？

实验十二 油脂酸价的测定

一、实验目的

熟悉酸价测定的原理，掌握酸价测定的方法。

二、实验原理

油脂中部分甘油酯会分解产生游离脂肪酸，使油脂变质酸败。通过测定油脂中游离脂肪酸含量反映油脂新鲜程度。游离脂肪酸的含量可以用中和 1 g 油脂所需的 KOH 毫克数，即酸价来表示。

三、实验步骤

（1）清洗所用的仪器并烘干（110℃约 20 min，量器不得在烘箱中烘烤）。

（2）配置 0.1 mol/L KOH-乙醇标准溶液（每组配 50 mL KOH：取 0.28 g KOH，定容至 50 mL 95%乙醇中，或取 0.56 g KOH，定容至 100 mL 95%乙醇溶液）。

注意：KOH 不是基准物质，在空气中易吸收水分和 CO_2，直接配置不能获得准确的溶液，可以先配成近似的浓度溶液，而后用基准物质（邻苯二甲酸氢钾）进行标定。

（3）KOH 的标定：用邻苯二甲酸氢钾进行标定，反应结束后，溶液呈碱性，pH 值为 9。滴定至溶液由无色变为浅粉色，30s 不褪色终止。

具体步骤：

①用称量瓶称 0.3～0.4 g 邻苯二甲酸氢钾，放入烘箱中烘至恒重（105～110℃，40 min）（称量瓶使用方法参见后面参考内容。恒重判定：连续两次干燥或炙灼前后质量相差不到万分之三，比如前次称量为 1 g 的试样，后一次烘后再称得的质量与前面相比相差应不到 0.0003 g）。

②恒重后取出，加 50 mL 蒸馏水使其溶解（至澄清透明）。

③在②中滴 2 滴酚酞指示剂，用待标定的 KOH 溶液滴定至微红色，30 s 不褪色（注意滴定管读数和使用方法）；记下 KOH 消耗体积。（碱管中为 KOH，三角瓶中为邻苯二甲酸氢钾）（约使用 15 mL 左右的 KOH）

计算：

$$C_{(KOH)}=\frac{m_{(KHC_8H_4O_4)}\times 1000}{V_{(KOH)}\times M_{(KHC_8H_4O_4)}}$$

式中 m——邻苯二甲酸氢钾质量，g；

$V_{(KOH)}$——消耗 KOH 体积，mL；

M——邻苯二甲酸氢钾摩尔质量，即 204 g/mol。

配好的溶液要用棕色瓶存贮，橡皮塞塞紧。

（4）用酚酞指示剂配制（实验教师配制）10 g/L 的 95%乙醇溶液（共配 50 mL），即 0.5 g 酚酞用 95%乙醇定容至 50 mL。

（5）乙醚与 95%乙醇混合液（用于溶解油脂）的处理（除去其中有可能存在的油脂杂质的影响）。将乙醚与 95%乙醇按 1:1 混合，每 100 mL 混合溶剂中加入 0.3 mL 指示剂，并用前面标定过的 KOH-95%乙醇溶液中和，至指示剂终点（无色变为粉色）。管中仍为 KOH-95%乙醇溶液，此步目的是为了去除乙醚、乙醇中可能含有的油脂，相当于除去杂质的影响。量很少，逐滴加入（可能就 1 滴）。

（6）油脂的溶解：往（4）中的溶液里加入 10 g（10±0.02 g）样品（准确记录样品质量），并使样品充分溶解（搅匀，不能有分层）。

（7）酸价的滴定分析：用 KOH-95%乙醇溶液滴定（5）中的溶液至指示剂终点（无色变为深红色）。此时可能颜色较深，记下此时耗去的体积。

（8）平行两次测定。

四、结果计算

$$酸价 = VC \times 56.1/m$$

式中 V——KOH-95%乙醇标准液体积［由步骤（6）中得出］，mL；

C——KOH 准确浓度（前面计算得出），mol/L；

m——试样质量［（5）中得出］，g；

56.1——KOH 摩尔质量，g/mol。

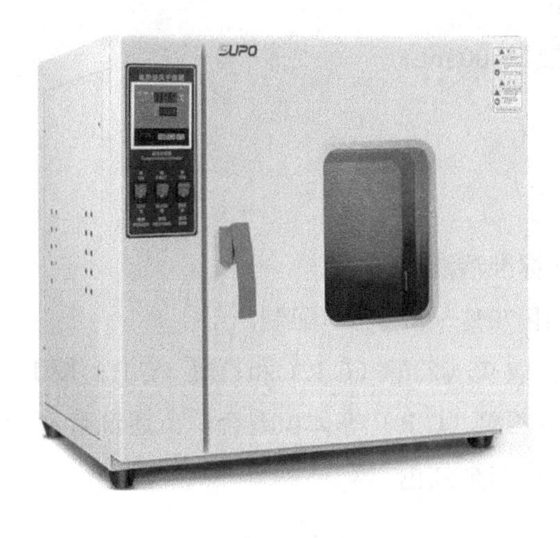

实验十三 脂肪酸价的测定

一、实验目的

了解脂肪酸价测定的原理和方法。

二、实验原理

天然油脂长期暴露在空气中会发生臭味，这种现象称为酸败。酸败是由于油脂水解释放出的脂肪酸，在空气中被氧化成醛或酮，从而有一定的臭味。酸败的程度用酸价表示，酸价是中和的 1 g 油脂的游离脂肪酸所需 KOH 的毫克数。

油脂中的游离脂肪酸与 KOH 发生中和反应，根据 KOH 标准溶液消耗量可计算出游离脂肪酸的量。反应式如下：

$$RCOOH + KOH \longrightarrow RCOOK + H_2O$$

三、实验器材

（1）油脂（猪油、豆油等均可）；

（2）电子分析天平；

（3）碱式滴定管 25 mL；

（4）三角烧杯（锥形瓶）100 mL；

（5）量筒 50 mL；

（6）水浴锅。

四、实验试剂

（1）0.100 mol/L KOH 标准溶液。

（2）1%酚酞指示剂：用 70%～90%乙醇配制。

（3）中性醇醚混合液：取 95%乙醇（C.P.）和乙醚（C.P.）按 1:1 等体积混合；或苯醇混合液：取苯（C.P.）和 95%乙醇（C.P.）等体积混合。上述混合液加入酚酞指示剂数滴，用 0.100 mol/L KOH 标准溶液中和至红色。

五、实验操作

准确称量油脂 1～2 g 置于 100 mL 三角烧瓶中，加入醇醚混合液 150 mL，振荡溶解（固体脂肪需水浴溶化再加入混合溶液）或在 40℃水浴锅中溶化至透明，溶液由红色变为无色。继续用 0.100 mol/L KOH 标准液滴定至淡红色，1 min 不褪色为终点，记录 KOH 的用量 V（mL）。

六、实验计算

$$脂肪的酸价 = cV \times 56.1/m$$

式中 c——标准 KOH 物质的量浓度，mol/L；

V——样品消耗 KOH 的体积，mL；

m——样品质量，g；

56.1——每摩尔 KOH 的质量，g/mol。

七、注意事项

去油脂的量尽量根据样品大致酸价取样，或者先做预实验，再做正式试验。

八、思考题

（1）实验中能否用相同浓度的 NaOH 替代 KOH 作为滴定用碱？

（2）造成食品酸价升高的因素有哪些？有什么办法可防止油脂的水解、氧化和酸败？

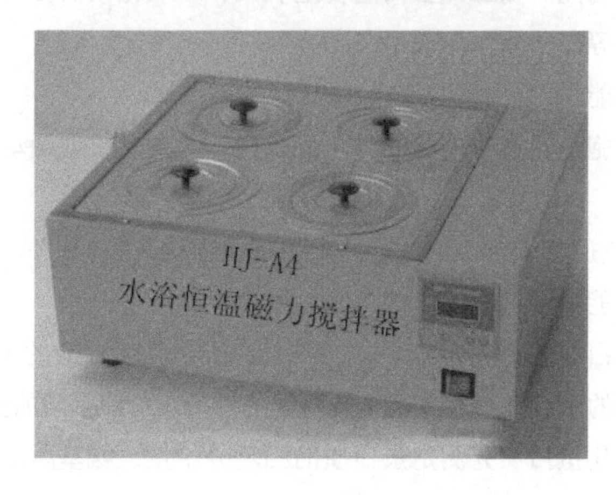

第三章　蛋白质分析、测定技术

蛋白质是生命的物质基础，是有机大分子，是构成细胞的基本有机物，是生命活动的主要承担者。没有蛋白质就没有生命。氨基酸是蛋白质的基本组成单位。它是与生命及与各种形式的生命活动紧密联系在一起的物质。机体中的每一个细胞和所有重要组成部分都有蛋白质参与。蛋白质占人体重量的16%～20%，即一个60 kg重的成年人其体内约有蛋白质9.6～12 kg。人体内蛋白质的种类很多，性质、功能各异，但都是由20多种氨基酸按不同比例组合而成的，并在体内不断进行代谢与更新。生物体结构越复杂，其蛋白质种类和功能越繁多，主要的生物学功能越丰富。蛋白质的功能包括：

（1）催化和调节能力。

有些蛋白质是酶，起催化生物体内的物质代谢反应的作用。

有些蛋白质是激素，具有一定的调节功能，如胰岛素调节糖代谢，体内信号转导也常通过某些蛋白质介导。

（2）转运功能。

有些蛋白具有运载功能，如血红蛋白是转运氧气和二氧化碳的工具，血清白蛋白可以运输自由脂肪酸及胆红素等。

（3）收缩或运动功能。

有些蛋白质赋予细胞与器官收缩的能力，可以使其改变形状或运动。如骨骼肌收缩靠肌动蛋白和肌球蛋白。

（4）防御功能 如免疫球蛋白，可抵抗外来的有害物质，保护机体。

（5）营养和储存功能如铁蛋白可以储存铁。

本章全面介绍了蛋白质的相关实验，共20个。主要包括蛋白质的不同性质测定，蛋白质的等电点测定和蛋白质的沉淀和变性实验；蛋白质的透析；六种不同的蛋白质定量分析方法；酪蛋白的分离；分离纯化蛋白质并测定蛋白质的相对分子量；氨基酸的制备测定及分离等多种实验。

实验十四　蛋白质的性质实验（一）：蛋白质等电点的测定

一、实验目的

初步学会测定蛋白质等电点的基本方法，并了解蛋白质的性质。

二、实验原理

蛋白质分子是两性电解质，当调节溶液的酸碱度，使蛋白质分子上所带的正负电荷相等时，在电场中，该蛋白质分子既不向正极移动，也不向负极移动，这时溶液的 pH 值，就是该蛋白质的等电点（pI）。不同蛋白质，等电点不同。在等电点时，蛋白质溶解度最小，容易沉淀析出。因此，可以借助在不同 pH 溶液中的某蛋白质的溶解度来测定该蛋白质的等电点。

在蛋白质溶液中加入一定浓度的中性盐，蛋白质即从溶液中沉淀析出，这种作用称为盐析。盐析法常用的盐类有硫酸铵、硫酸钠等。蛋白质的盐析作用是可逆过程。由盐析获得的蛋白质沉淀，当降低其盐类浓度时，又能再溶解。而重金属离子与蛋白质结合成不溶于水的复合物。

三、试剂和器材

1. 原料

高筋面粉、低筋面粉。

2. 试剂

（1）1 mol/L 醋酸。

（2）0.5%酪蛋白溶液。称取 2.5 g 酪蛋白，放入烧杯中，加入 40℃的蒸馏水，再加入 50 mL 1N NaOH 溶液，微热搅拌直到蛋白质完全溶解为止。将溶解好的蛋白溶液转到 500 mL 容量瓶中，并用少量蒸馏水洗净烧杯，一并倒入容量瓶。在容量瓶中再加入 1N 醋酸溶液 50 mL，摇匀，再加蒸馏水定容至 500 mL，得到略显混浊的、在 0.1N NaAc 溶液中的酪蛋白溶液。

（3）鸡蛋白溶液。将 80 mL 鸡蛋清与 800 mL 蒸馏水混合均匀后，用洁净的多层湿纱布垫在漏斗上过滤，滤液即为鸡蛋白溶液（不能有不溶性物悬浮）。要现配现用，最好使用经过煮沸并封在容器中隔绝空气冷却的蒸馏水。

（4）质量分数为 5%的 $CuSO_4$ 溶液。

（5）$(NH_4)_2SO_4$ 饱和溶液（确保有固体析出）。

3. 器材

天平、水浴锅、移液管、试管等。

四、操作方法

1. 蛋白质的两性反应

（1）取一支试管，加 0.5%酪蛋白 1 mL，再加溴甲酚绿指示剂 4 滴，摇匀。此时溶液呈蓝色，无沉淀生成。

（2）用胶头滴管慢慢加入 0.2 mol/L HCl，边加边摇直到有大量的沉淀生成。此时溶液的 pH 值接近酪蛋白的等电点。观察溶液颜色的变化。

（3）继续滴加 0.2 mol/L HCl，沉淀会逐渐减少以至消失。观察此时溶液颜色的变化。

（4）滴加 0.2 mol/L NaOH 进行中和，沉淀又出现。继续滴加 0.2 mol/L NaOH，沉淀又逐渐消失。观察溶液颜色的变化。

2. 酪蛋白等电点的测定

（1）取同样规格的试管 7 支，按表 3-14-1 精确地加入相关试剂。

表 3-14-1

试剂/mL	管号						
	1	2	3	4	5	6	7
1.0 mol/L 乙酸	1.6	0.8	0	0	0	0	0
0.1 mol/L 乙酸	0	0	4	1	0	0	0
0.01 mol/L 乙酸	0	0	0	0	2.5	1.25	0.62
H_2O	2.4	3.2	0	3	1.5	2.75	3.38

（2）充分摇匀，然后向以上各试管依次加入 0.5%酪蛋白 1 mL，边加边摇，摇匀后静置 5 min，观察各管的浑浊度。

（3）用－、＋、＋＋、＋＋＋等符号表示各管的浑浊度。根据混浊度判断酪蛋白的等电点。最混浊的一管的 pH 值即为酪蛋白的等电点。

五、注意事项

缓冲液的 pH 必须准确。

实验十五　蛋白质的性质实验（二）：蛋白质的沉淀及变性

一、实验目的

（1）了解蛋白质的沉淀反应、变性作用和凝固作用的原理及它们的相互关系。

（2）学习盐析和透析等生物化学的操作技术。

二、实验原理

在水溶液中，蛋白质分子的表面，由于形成水化层和双电层而成为稳定的胶体颗粒，所以蛋白质溶液和其他亲水胶体溶液相类似。但是，蛋白质胶体颗粒的稳定性是有条件的，相对的。在一定的物理化学因素影响下，蛋白质颗粒失去电荷，脱水，甚至变性，则以固态形式从溶液中析出，这个过程称为蛋白质的沉淀反应。

这种反应可分为以下两种类型：

1. 可逆沉淀反应

发生沉淀反应时，蛋白质虽已沉淀析出，但它的分子内部结构并未发生显著变化，基本上保持原有的性质，沉淀因素除去后，能再溶于原来的溶剂中。这种作用称为可逆沉淀反应，又称作不变性沉淀反应。属于这一类的反应有盐析作用，在低温下，乙醇、丙酮对蛋白质的短时间作用以及利用等电点的沉淀等。

2. 不可逆沉淀反应

发生沉淀反应时，蛋白质分子内部结构、空间构象遭到破坏，失去原来的天然性质，这时蛋白质已发生变性。这种变性蛋白质的沉淀不能再溶解于原来溶剂中的作用称作不可逆沉淀反应。重金属盐、植物碱试剂，过酸、过碱、加热、震荡、超声波，有机溶剂等都能使蛋白质发生不可逆沉淀反应。

三、试剂和器材

（1）蛋白质溶液：取 5 mL 鸡蛋清，用蒸馏水稀释至 100 mL，搅拌均匀后用 4～8 层纱布过滤，新鲜配制。

（2）蛋白质氯化钠溶液：取 20 mL 蛋清，加 200 mL 蒸馏水和 100 mL 饱和氯化钠溶液，充分搅匀后，以纱布滤去不溶物（加入氯化钠的目的是溶解球蛋白）。

（3）其他试剂、材料：硫酸铵粉末，饱和硫酸铵溶液，3%硝酸银，0.5%醋酸铅，10%三氯醋酸，浓盐酸，浓硫酸，浓硝酸，5%磺基水杨酸，0.1%硫酸铜，饱和硫酸铜溶液，0.1%醋酸，10%醋酸，饱和氯化钠溶液，10%NaOH 溶液。

（4）器材：试管，试管架，小玻璃漏斗，滤纸，玻璃纸，玻璃棒，500 mL 烧杯，10 mL 量筒。

四、操作方法

1. 蛋白质的可逆沉淀反应与蛋白质的盐析作用

用大量中性盐使蛋白质从溶液中沉淀析出的过程称为蛋白质的盐析作用。蛋白质是亲水胶体，在高浓度的中性盐影响下，蛋白质分子被盐脱去水化层，同时蛋白质分子所带的电荷被中和，结果蛋白质的胶体稳定性遭受破坏而沉淀析出。析出的蛋白质仍保持其天然蛋白质的性质。降低盐的浓度时，还能溶解。

沉淀不同的蛋白质所需中性盐的浓度不同，而盐类不同也有差异。例如：向含有白蛋白和球蛋白的鸡蛋清溶液中加硫酸镁或氯化钠至饱和，则球蛋白沉淀析出。加硫酸镁至饱和，则白蛋白沉淀析出。另外，在等电点时，白蛋白可被饱和硫酸镁或氯化钠或半饱和的硫酸铵溶液沉淀析出。所以在不同条件下，用不同浓度的盐类可将各种蛋白质从混合溶液中分别沉淀析出，该法称为蛋白质的分级盐析。取一支试管加入 3 mL 蛋白质氯化钠溶液和 3 mL 饱和硫酸铵溶液，混匀，静置约 10 min，球蛋白则沉淀析出，过滤后向滤液中加入硫酸铵粉末，边加边用玻璃棒搅拌，直至粉末不再溶解，达到饱和为止。析出的沉淀为白蛋白。静置，倒去上部清液，白蛋白沉淀，取出部分加水稀释，观察它是否溶解，留存部分做透析用。

2. 蛋白质的不可逆沉淀反应

（1）重金属沉淀蛋白质。

重金属盐类易与蛋白质结合成稳定的沉淀而析出。蛋白质在水溶液中是酸碱两性电解质，在碱性溶液中（对蛋白质的等电点而言），蛋白质分子带负电荷，能与带正电荷的金属离子结合成蛋白质盐。在有机体内，蛋白质常以其可溶性的钠盐或钾盐的形式存在，当加入汞，铅、铜、银等重金属盐时，则蛋白质形成不溶性的盐类而沉淀。经过这种处理后的蛋白质沉淀不再溶解于水中，说明它已发生了变性。重金属盐类沉淀蛋白质的反应通常很完全，特别是在碱金属盐类存在时。因此，生化分析中，常用重金属盐除去溶液中的蛋白质；临床上用蛋白质解除重金属盐的食物性中毒。但应注意，使用醋酸铅或硫酸铜沉淀蛋白质时，试剂不可加过量，否则可使沉淀出的蛋白质重新溶解。

取 2 支试管，各加入约 1 mL 蛋白质溶液，并分别加入 3～4 滴 3%硝酸银，1～3 滴 0.5%醋酸铅和 3～4 滴 0.1%硫酸铜，观察沉淀的生成。第一、二支试管再分别加入过量的醋酸铅和饱和硫酸铜溶液，观察沉淀的再溶解。

（2）有机酸沉淀蛋白质。

有机酸能使蛋白质沉淀。三氯醋酸和磺基水杨酸最有效，能将血清等生物体液中的蛋白质完全除去，因此得到广泛使用。

取两支试管，各加入约 0.5 mL 蛋白质溶液，然后分别滴加 10%三氯醋酸和 5%磺基水杨酸溶液各数滴，观察蛋白质的沉淀。

（3）无机酸沉淀蛋白质。

浓无机酸（除磷酸外）都能使蛋白质发生不可逆的沉淀反应。这种沉淀作用可能是蛋白质颗粒脱水的结果。过量的无机酸（硝酸除外）可使沉淀出的蛋白质重新溶解。临床诊断上，常利用硝酸沉淀蛋白质的反应，检查尿中蛋白质的存在。

取 3 支试管，分别加入 15 滴浓盐酸，10 滴浓硫酸、浓硝酸。小心地向 3 支试管中，沿管壁加入 6 滴蛋白质溶液，不要摇动，观察各管内两液界面处有白色环状蛋白质沉淀出现。然后，摇动每个试管。蛋白质沉淀应在过量的盐酸及硫酸中溶解。在含硝酸的试管中，虽经振荡，蛋白质沉淀也不溶解。

（4）加热沉淀蛋白质。

几乎所有的蛋白质都因加热变性而凝固，变成不可逆的不溶状态。盐类和氢离子浓度对蛋白质加热凝固有重要影响。少量盐类促进蛋白质的加热凝固。当蛋白质处于等电点时，加热凝固最完全、最迅速。在酸性或碱性溶液中，蛋白质分子带有正电荷或负电荷，虽加热蛋白质也不会凝固。若同时有足量的中性盐存在，则蛋白质可因加热而凝固。

取 5 支试管，编号，按表 3-15-1 加入有关试剂。

表 3-15-1　　滴

试剂 管号	蛋白质溶液	0.1%醋酸	10%醋酸	饱和 Nacl	10%NaOH	蒸馏水
1	10	—	—	—	—	7
2	10	5	—	—	—	2
3	10	—	5	—	—	2
4	10	—	5	2	—	—
5	10	—	—	—	2	5

将各管混匀，观察记录各管现象后，放入沸水浴锅中加热 10 min，注意观察、比较各管的沉淀情况。然后将第 3、4、5 号管分别用 10% NaOH 或 10% 醋酸中和，观察并解释实验结果。

继续往 3、4、5 号管分别加入过量的酸或碱，观察各管发生的现象。然后，用过量的酸或碱中和第 3、5 号管，沸水浴加热 10 min，观察沉淀变化。观察这种沉淀是否溶于过量的酸或碱中，并解释实验结果。

五、思考题

（1）为什么蛋清可用做铅中毒或汞中毒的解毒剂？

（2）蛋白质分子中的哪些基团可以与重金属离子作用而使蛋白质沉淀？

（3）蛋白质分子中的哪些基团可以与有机酸、无机酸作用而使蛋白质沉淀？

（4）高浓度的硫酸铵对蛋白质溶解度有何影响，为什么？

（5）在蛋白质可逆沉淀反应的实验中，为何要用蛋白质氯化钠溶液？

实验十六 蛋白质的透析

一、实验目的

学习透析的基本原理和操作。

二、实验原理

蛋白质是大分子物质，不能透过透析膜，而小分子物质可以自由透过。在分离提纯蛋白质的过程中，常利用透析的方法使蛋白质与其中夹杂的小分子物质分开。

三、仪器、试剂、材料

（1）仪器：烧杯，玻璃棒，离心机，离心管，冰箱，电炉。

（2）试剂：1%氯化钡溶液，硫酸铵粉末，1 mol/L EDTA，2% $NaHCO_3$。

（3）材料：①透析管（宽约 2.5 cm，长 12～15 cm）或玻璃纸；②皮筋；③鸡蛋清溶液：将新鲜鸡蛋的蛋清与水按 1:20 混匀，然后用 6 层纱布过滤。

四、操作方法

（1）透析管（前）处理：先将一适当大小和长度的透析管放在 1 mol/L EDTA 溶液中，煮沸 10 min，再在 2% $NaHCO_3$ 溶液中煮沸 10 min，然后再在蒸馏水中煮沸 10 min。

（2）在离心管中加入 5 mL 蛋白质溶液，再加 4 g 硫酸铵粉末，搅拌使其溶解，然后在 4℃下静置 20 min，出现絮状沉淀。

（3）离心：将上述絮状沉淀液以 1000 rpm 的速度离心 20 min。

（4）装透析管：离心后倒掉上清液，加 5 mL 蒸馏水溶解沉淀物，然后小心倒入透析管中，扎紧上口。

（5）将装好的透析管放入盛有蒸馏水的烧杯中，进行透析，并不断搅拌。

（6）每隔适当时间（5～10 min），用氯化钡滴入烧杯的蒸馏水中，观察是否有沉淀现象。

五、结果处理

记录并解释实验现象。

六、注意事项

硫酸铵盐一定要充分溶解，才能使蛋白质沉淀下来。

七、思考题

在透析袋处理过程中，EDTA 和 $NaHCO_3$ 起何作用？

实验十七　蛋白质定量分析（一）：紫外分光光度法

一、实验目的

（1）学习紫外分光光度法测定蛋白质含量的原理。

（2）掌握紫外分光光度法测定蛋白质含量的实验技术。

（3）掌握 TU-1901 紫外—可见分光光度计的使用方法并了解此仪器的主要构造。

二、实验原理

紫外—可见吸收光谱法，又称紫外—可见分光光度法。它是研究分子吸收 190～750 nm 波长范围内的吸收光谱，是以溶液中物质分子对光的选择性吸收为基础而建立起来的一类分析方法。紫外—可见吸收光谱的产生是分子的外层价电子跃迁的结果，其吸收光谱为分子光谱，是带光谱。

定性分析：利用紫外—可见吸收光谱法进行定性分析，一般采用光谱比较法。即将未知纯化合物的吸收光谱特征，如吸收峰的数目、位置、相对强度以及吸收峰的形状，与已知纯化合物的吸收光谱进行比较。

定量分析：紫外—可见吸收光谱法进行定量分析的依据是朗伯—比尔定律：$A=\lg I_0/I=\varepsilon bc$。当入射光波长 λ 及光程 b 一定时，在一定浓度范围内，有色物质的吸光度 A 与该物质的浓度 c 呈正比，即物质在一定波长处的吸光度与它的浓度呈线性关系。因此，通过测定溶液对一定波长入射光的吸光度，就可以求出溶液中物质浓度和含量。由于最大吸收波长 λ_{max} 处的摩尔吸收系数最大，通常都是测量 λ_{max} 的吸光度，以获得最大灵敏度。

光度分析时，分别将空白溶液和待测溶液装入厚度为 b 的两个吸收池中，让一束一定波长的平行单色光分别照射空白溶液和待测溶液。以通过空白溶液的透光强度为 I_0，通过待测溶液的透光强度为 I，根据上式，由仪器直接给出 I_0 与 I 之比的对数值，即为吸光度。

紫外—可见分光光度计：紫外—可见吸收光谱法所采用的仪器称为分光光度计，它的主要部件由五个部分组成，即

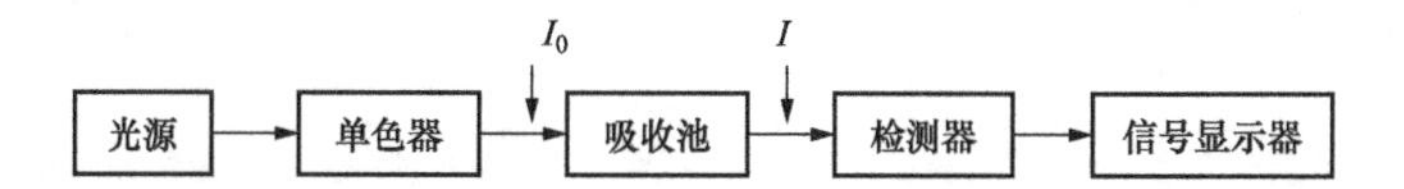

由光源发出的复合光经过单色器分光后即可获得所需波长的平行单色光。该单色光通过样品池经样品溶液吸收后，通过光照到光电管或光电倍增管等检测器上产生光电流，产生的光电流由信号显示器直接读出吸光度 A。可见光区采用钨灯光源、玻璃吸收池；紫外光区采用氘灯光源、石英吸收池。

本实验采用紫外分光光度法测定蛋白质含量。蛋白质中酪氨酸和色氨酸残基的苯环含有共轭双键，因此，蛋白质具有吸收紫外光的性质，其最大吸收峰位于 280 nm 附近（不同的蛋

白质吸收波长略有差别）。在最大吸收波长处，吸光度与蛋白质溶液的浓度的关系服从朗伯—比尔定律。该测定方法具有简单、灵敏、快速、高选择性，且稳定性好，干扰易消除，不消耗样品，低浓度的盐类不干扰测定等优点。

三、仪器与试剂

（1）器材。TU-1901 紫外—可见分光光度计，比色管，吸量管。

（2）试剂、材料。5.00 mg/mL 标准蛋白质溶液，0.9% NaCl 溶液，待测蛋白质溶液。

四、实验步骤

1. 准备工作

启动计算机，打开主机电源开关，启动工作站并初始化仪器。

在工作界面上选择测量项目（光谱扫描，光度测量）。本实验选择光度测量，设置测量条件（测量波长等）。

将空白样品放入测量池中，点击 START 扫描空白，点击 ZERO 校零。

制作标准曲线。

2. 测量工作

（1）用吸量管分别吸取 0.5、1.0、1.5、2.0、2.5 mL 5.00 mg/mL 标准蛋白质溶液于 5 支 10 mL 比色管中，用 0.9% NaCl 溶液稀释至刻度，摇匀。用 1 cm 石英比色皿，以 0.9% NaCl 溶液为参比，在 280 nm 处分别测定各标准溶液的吸光度 A_{278} 记录所得读数。

（2）样品测定。

取适量浓度的待测蛋白质溶液 3 mL，按上述方法测定 278 nm 处的吸光度。平行测定 3 份。

五、数据处理

（1）以波长为横坐标，吸光度为纵坐标，绘制吸收曲线，找出最大吸收波长。由吸收曲线可得最大吸收波长 $\lambda_{max}=278$ nm。

（2）以标准蛋白质溶液浓度为横坐标，吸光度为纵坐标绘制标准曲线。

（3）根据样品蛋白质溶液的吸光度，从标准曲线上查出待测蛋白质的浓度，继而算出待测蛋白质溶液浓度。

六、思考题

紫外分光光度法测定蛋白质含量的方法有何优缺点？受哪些因素的影响和限制？

实验十八　蛋白质定量分析（二）：酚试剂法

一、实验目的

（1）学习 Folin-酚法测定蛋白质含量的原理和操作方法。

（2）熟练掌握 722 分光光度计的使用和比色法。

二、实验原理

Folin-酚试剂由两部分组成。试剂甲相当于双缩脲试剂，在碱性条件下，蛋白质中的肽键与铜离子结合生成络合物。试剂乙是磷钨酸和磷钼酸的混合液，在碱性条件下极不稳定，易被蛋白质和试剂甲生成的络合物还原，生成钼蓝和钨蓝混合物而呈蓝色反应。

根据此试剂与蛋白质的反应以及一定条件下，蓝色深度与蛋白的量呈正比，可用比色法，使用分光光度计，通过对呈现蓝色的混合物进行浓度测定，再依据比例计算出蛋白质含量。

三、仪器与试剂

1. 仪器

722 分光光度计（上海精密科学仪器有限公司），架盘天平，具塞刻度试管，移液器，容量瓶，小烧杯，漏斗，研钵。

2. 试剂

Folin-酚试剂：试剂甲，试剂乙。

3. 材料

绿豆芽下胚轴。

四、实验步骤

1. 标准曲线的绘制

取 6 支 15 mL 具塞刻度试管，编号。依表 3-18-1 所列加入相应试剂。

表 3-18-1

管号	1	2	3	4	5	6
蛋白质含量（μg/mL）	0	50	100	150	200	250
加原液量/mL	0	0.2	0.4	0.6	0.8	1.0
加 dH_2O 量/mL	1.0	0.8	0.6	0.4	0.2	0
步骤一	各加入试剂甲 5 mL，混合后在室温下放置 10 min					
步骤二	各加入试剂乙 0.5 mL，立即混合均匀（速度要快），放置 0.5 h					
步骤三	以不含蛋白质的 1 号试管为对照，与其他 5 支试管内的溶液依次用 722 分光光度计于 650 nm 波长下比色，记录各试管内溶液的消光值					

以消光值为纵坐标，以牛血清白蛋白含量（μg/mL）为横坐标，绘制标准曲线。

2. 样品测定

（1）称取绿豆芽下胚轴 1 g 于研钵中，匀浆。转入 50 mL 容量瓶中，定容。然后过滤，滤液即为样品液。

（2）取具塞刻度试管 2 支，编号为 8、9，分别加入滤液 1 mL，再分别加入试剂甲 5 mL，混匀后放置 10 min，然后各加入试剂乙 0.5 mL，迅速混匀，室温下放置 0.5 h，于 650 nm 波长下比色，记录消光值，取其平均值完成计算。

五、思考题

（1）试分析本实验方法中的干扰因素？

（2）为什么测定同一类甚至同一种物质的含量会有多种测定方法？

（3）在 Folin-酚法中，试剂甲的作用是什么？

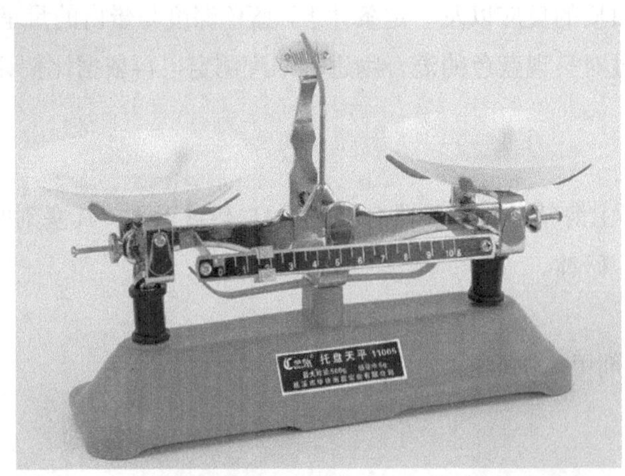

实验十九　蛋白质定量分析（三）：双缩脲法

一、实验目的

（1）掌握双缩脲法测定蛋白质含量的原理和方法。

（2）掌握分光光度计的使用方法。

二、实验原理

碱性溶液中双缩脲能 Cu^{2+}产生紫红色的络合物，这个反应称为“双缩脲反应”。蛋白质分子中的肽键也能与铜离子发生双缩脲反应，溶液紫红色的深浅与蛋白质含量在一定范围内符合朗伯一比尔定律，而与蛋白质的氨基酸组成及分子质量无关。其可测定范围为 1～10 mg 蛋白质，适用于精度要求不高的蛋白质含量测定。

三、仪器、试剂和材料

1. 仪器

分光光度计，分析天平，振荡机，刻度吸管，具塞三角瓶，漏斗。

2. 试剂

（1）双缩脲试剂：取 1.5 g 硫酸铜（$CuSO_4 \cdot 5H_2O$）和 6.0 g 酒石酸钾钠（$NaKC_4H_4O_6 \cdot 4H_2O$），溶于 500 mL 蒸馏水中，在搅拌的同时加入 300 mL 10% NaOH 溶液，定容至 1000 mL，贮于涂石蜡的试剂瓶中。

（2）0.05 mol/L 的 NaOH。

（3）标准酪蛋白溶液：准确称取 0.5 g 酪蛋白溶于 0.05 mol/L 的 NaOH 溶液中，并定容至 100 mL，即为 5 mg/mL 的标准酪蛋白溶液。

3. 材料

小麦、玉米或其他谷物样品，风干、磨碎并通过 100 目铜筛。

四、操作步骤

1. 标准曲线的绘制

取 6 支试管，编号，按表 3-19-1 加入试剂。

表 3-19-1

试剂	管号					
	1	2	3	4	5	6
标准酪蛋白溶液/mL	0	0.2	0.4	0.6	0.8	1.0
H_2O/mL	1	0.8	0.6	0.4	0.2	0
双缩脲试剂/mL	4	4	4	4	4	4
蛋白质含量/mg	0	1	2	3	4	5

震荡 15 min，室温静置 30 min，540 nm 比色，以蛋白质含量（mg）为横坐标，吸光度为纵坐标，绘制标准曲线。

2. 样品测定

（1）将磨碎过筛的谷物样品在 80℃下烘至恒重，取出置于干燥器中冷却待用。

（2）称取两份约 0.2 g 烘干样品，分别放入两个干燥的三角瓶中。在各瓶中分别加入 5 mL 0.05 mol/L 的 NaOH 溶液湿润，再加入 20 mL 的双缩脲试剂，震荡 15 min，室温静置反应 30 min，分别过滤，取滤液在 540 nm 波长下比色。在标准曲线上查出相应的蛋白质含量（mg）。从标准曲线上查得蛋白质含量。

五、结果处理

$$\text{样品蛋白质(\%)}=\frac{\text{从标准曲线上查的蛋白质含量(mg)}}{\text{样品重(g)}}\times 100\times \text{酪蛋白纯度}$$

六、注意事项

（1）三角瓶一定要干燥，勿使样品粘在瓶壁上。

（2）所用酪蛋白需经凯氏定氮法确定蛋白质的含量。

七、思考题

双缩脲法测定蛋白质含量的原理是什么？

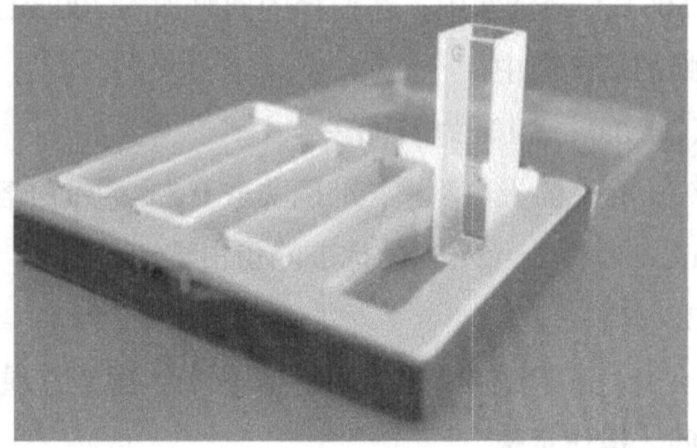

实验二十　蛋白质定量分析（四）：考马斯亮蓝 G-250 染色法

一、实验目的

（1）学习一种蛋白质染色测定的方法。

（2）掌握考马斯亮蓝法测定蛋白质含量的基本原理和方法。

二、实验原理

蛋白质的存在影响酸碱滴定中所用某些指示剂的颜色变化，从而改变这些染料的光吸收。在此基础上发展了蛋白质染色测定方法。涉及的指示剂有甲基橙、考马斯亮蓝、溴甲酚绿和溴甲酚紫。目前广泛使用的染料是考马斯亮蓝。

考马斯亮蓝 G-250 在酸性溶液中为棕红色，当与蛋白质通过范德华键结合后，变为蓝色，且在蛋白质一定浓度范围内符合朗伯—比尔定律，可在 595 nm 处比色测定。2～5 min 即呈最大光吸收，至少稳定 1 h。在 0.01～1.0 mg 蛋白质/mL 范围内均可。其操作简便、迅速，消耗样品量少，但不同蛋白质差异大，且标准曲线线性差。高浓度的 Tris、EDTA、尿素、甘油、蔗糖、丙酮、硫酸铵和去污剂对测定有干扰。缓冲液浓度过高时，改变测定液 pH 会影响显色。考马斯亮蓝染色能力强，比色皿不洗干净会影响光吸收值，不可用石英比色皿测定。

三、试剂与器具

1. 试剂

染色液：取 100 mg 考马斯亮蓝 G-250 溶于 50 mL 95%乙醇中，加 100 mL 85%磷酸，加水稀释至 1 L。该染色液可保存数月，若不加水可长期保存，用前稀释。

标准蛋白溶液：0.5 mg/mL 牛血清白蛋白。

未知浓度的蛋白质溶液用酪蛋白配制，浓度控制在 10～30 mg/mL。

2. 器具

试管及试管架，移液管（1 mL，5 mL），可见分光光度计。

四、操作步骤

（一）标准曲线的制作

（1）取 7 支试管，按表 3-20-1 加入试剂。

表 3-20-1

试管编号 试剂/mL	0	1	2	3	4	5	6
1 mg/mL 牛血清蛋白	0	0.1	0.2	0.4	0.6	0.8	1
蒸馏水	1.0	0.9	0.8	0.6	0.4	0.2	0
考马斯亮蓝试剂	5.0	5.0	5.0	5.0	5.0	5.0	5.0

（2）将试管摇匀，放置 20 min。

（3）用分光光度计比色测定吸光值 $A_{595\ nm}$。

（4）以 $A_{595\ nm}$ 为纵坐标，标准蛋白色质浓度为横坐标，绘制标准曲线。

（二）样品的测定

（1）取一支试管，加入未知浓度的蛋白质溶液 0.2 mL，蒸馏水 0.8 mL，考马斯亮蓝试剂 5 mL。

（2）将试管摇匀，放置 20 min。

（3）比色测定吸光值 $A_{595\ nm}$，对照标准曲线求得蛋白质的浓度。

五、注意事项

（1）由于染料本身两种颜色的光谱有重叠，试剂背景值会因与蛋白质结合的染料增加而不断降低，因而当蛋白质浓度较高时，标准曲线稍有弯曲，但直线弯曲程度很轻，不致影响测定。

（2）测定工作应在蛋白质染料混合后 2 min 开始，力争 1 h 内完成，否则会因蛋白质一染料复合物发生凝集沉淀而影响测定结果。

六、思考题

（1）考马斯亮蓝法测定蛋白质的含量的原理是什么？

（2）考马斯亮蓝法有什么优缺点？

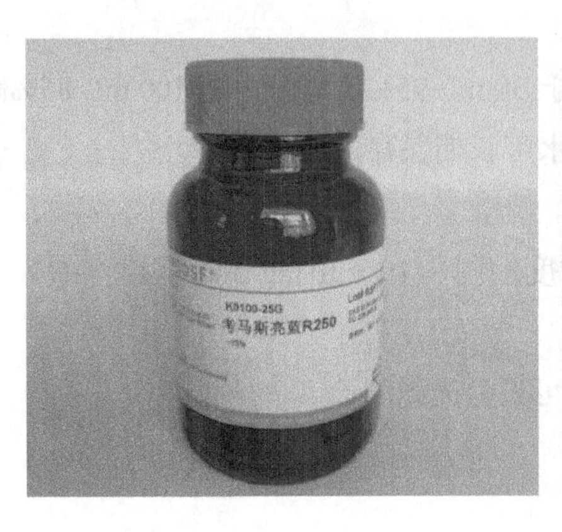

实验二十一　蛋白质定量分析（五）：微量凯氏定氮法

一、目的与要求

（1）学习凯氏定氮法测定蛋白质的原理。

（2）掌握凯氏定氮法的操作技术，包括样品的消化处理、蒸馏、滴定及蛋白质含量计算等。

二、实验原理

蛋白质是含氮的化合物。食品与浓硫酸和催化剂共同加热消化，使蛋白质分解，产生的氨与硫酸结合生成硫酸铵，留在消化液中，然后加碱蒸馏使氨游离，用硼酸吸收后，再用 HCl 标准溶液滴定，根据酸的消耗量来乘以蛋白质换算系数，即得蛋白质含量。

天然含氮有机物与浓硫酸共热时，其碳、氢被分别氧化成 CO_2 和 H_2O，而氮则变成氨，并进一步与硫酸作用生成硫酸铵，是为“消化”。该反应进行得比较缓慢，通常需要加入硫酸钾或硫酸钠以提高反应的沸点，并加入硫酸铜作为催化剂促进反应的进行。以甘氨酸为例，其消化过程可表示如下：

$$CH_2COOH+3H_2SO_4 \longrightarrow 3SO_2\uparrow+4H_2O+NH_3\uparrow$$

$$2NH_3+H_2SO_4 \longrightarrow (NH_4)SO_4$$

浓碱可使消化液中的硫酸铵分解，游离出氨，借水蒸气将产生的氨蒸馏到一定量及一定浓度的硼酸溶液中，硼酸吸收氨后，氨与溶液中的氢离子结合，生成铵离子，使溶液中氢离子浓度降低。然后用标准无机酸滴定，直至恢复溶液中原来氢离子浓度为止，最后根据所用标准酸的当量数（相当于待测物中氨的当量数）计算出待测物中的氮量。

$$(NH_4)_2SO_4+2NaOH \longrightarrow Na_2SO_4+2NH_4OH$$

$$NH_4OH \longrightarrow H_2O+NH_3\uparrow$$

$$NH_3+H_3BO_3 \longrightarrow NH_4H_2BO_3$$

$$NH_4H_2BO_3+HCl \longrightarrow NH_4Cl+H_3BO_3$$

滴定时用甲烯蓝和甲基红混合指示剂，其指示范围为 pH 值为 5.2～5.6，将 $NH_4H_2BO_3$ 的蓝绿色滴至原来 H_3BO_3 的蓝紫色即为终点。

本法适用范围为 0.2～1.0 mg 氮，相对误差应小于 2%。

三、仪器与试剂

1. 试剂（所有试剂均用不含氨的蒸馏水配制）

（1）硫酸铜（$CuSO_4 \cdot 5H_2O$）；

（2）硫酸钾；

（3）浓硫酸（密度为 1.8419 g/L）；

（4）2%硼酸溶液（20 g/L）；

（5）40%NaOH 溶液（400 g/L）；

（6）0.01 mol/L HCl 标准滴定溶液；

（7）混合指示试剂：0.1%甲基红乙醇溶液 1 份，与 0.1%溴甲酚绿乙醇溶液 5 份临用时混合。

2. 仪器

微量定氮蒸馏装置，如图 1 所示。

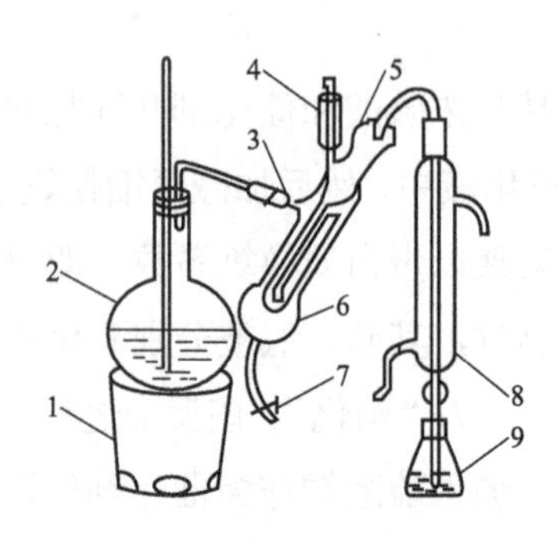

图 1　微量凯氏定氮装置

1—电炉；2—水蒸气发生器（2L 平底烧瓶）；3—螺旋夹 a；
4—小漏斗及棒状玻璃塞（样品入口处）；5—反应室；6—反应室外层；
7—橡皮管及螺旋夹 b；8—冷凝管；9—蒸馏液接收瓶

四、实验步骤

1. 样品消化

称取样品约 0.3 g（±0.001 g），移入干燥的 100 mL 凯氏定氮烧瓶中，加入 0.2 g 硫酸铜和 6 g 硫酸钾，稍摇匀后瓶口放一个小漏斗，加入 20 mL 浓硫酸，将瓶以 45°角斜支于有小孔的石棉网上，使用万用电炉，在通风橱中加热消化。开始时用低温加热，待内容物全部炭化，泡沫停止后，再升高温度保持微沸，消化至液体呈蓝绿色澄清透明后，继续加热 0.5 h。取下放冷，小心加 20 mL 水。放冷后，无损地转移到 100 mL 容量瓶中，并用少量水洗定氮瓶，洗液并入容量瓶中，加水定容至刻度，混匀备用，即为消化液。

一般消解温度都设在 240℃及 240℃以上，如果想快速消解可以适当提高温度甚至可以用最大温度进行消解。

试剂空白实验：取与样品消化相同的硫酸铜、硫酸钾、浓硫酸，按以上同样的方法进行消化，冷却，加水定容至 100 mL，得试剂空白消化液。

2. 定氮装置的检查与洗涤

检查微量定氮装置是否装好。

在蒸气发生瓶内装水约 2/3，加甲基红指示剂数滴及数毫升硫酸，以保持水呈酸性。

加入数粒玻璃珠（或沸石）以防止暴沸。

测定前定氮装置按如下方法洗涤 2～3 次：从样品入口处加适量水（约占反应管 1/3 体积），通入蒸汽煮沸，产生的蒸汽冲洗冷凝管，数分钟后关闭螺旋夹 a，使反应管中的废液倒吸流到反应室外层，打开螺旋夹 b，由橡皮管排出。如此数次，即可使用。

3. 碱化蒸馏

量取硼酸试剂 20 mL 倒入三角瓶接收瓶中，加入混合指示剂 2～3 滴，并使冷凝管的下端插入硼酸液面下，在螺旋夹 a 关闭、螺旋夹 b 开启的状态下，准确吸取 10.0 mL 样品消化液，由小漏斗流入反应室，并以 10 mL 蒸馏水洗涤进样口，流入反应室，棒状玻塞塞紧。将 10 mL NaOH 溶液倒入小玻璃杯，提起玻塞使其缓缓流入反应室，用少量水冲洗并立即将玻塞盖紧，并加水于小玻璃杯以防漏气。开启螺旋夹 a，关闭螺旋夹 b，开始蒸馏。通入蒸汽蒸腾 10 min 后，移动接收瓶，液面离开冷凝管下端，再蒸馏 2 min。然后用少量水冲洗冷凝管下端外部。取下三角瓶，准备滴定。同时吸取 10.0 mL 试剂空白消化液按上面方法蒸馏操作。

4. 样品滴定

以 0.01 mol/L HCl 标准溶液滴定至灰色或蓝紫色为终点。

5. 数据记录（见表 3-21-1）

表 3-21-1

项目	第一次	第二次	第三次
样品消化液/mL			
滴定消耗 HCl 标准溶液/mL			
消耗 HCl 标准溶液平均值/mL			

五、计算结果

$$X=\frac{(V_1-V_2)\times c\times 0.0140\times F\times 100}{\frac{m}{100}\times 10}$$

式中　X——样品蛋白质含量，g/100 g；

V_1——样品滴定消耗 HCl 标准溶液体积，mL；

V_2——空白滴定消耗 HCl 标准溶液体积，mL；

c——HCl 标准滴定溶液浓度，mol/L；

0.0140——标准滴定溶液相当的氮的质量，g；

m——样品的质量，g；

F——氮换算为蛋白质的系数。一般食物为 6.25；乳制品为 6.38；面粉为 5.70；高粱为 6.24；花生为 5.46；米为 5.95；大豆及其制品为 5.71；肉与肉制品为 6.25；大麦、小米、燕麦、裸麦为 5.83；芝麻、向日葵为 5.30。

计算结果保留三位有效数字。

六、注意事项及说明

（1）样品应是均匀的。固体样品应预先研细混匀，液体样品应振摇或搅拌均匀。

（2）样品放入定氮瓶内时，不要黏附在瓶颈部。万一黏附可用少量水冲下，以免被检样消化不完全，结果偏低。消化时应注意旋转凯氏烧瓶，将附在瓶壁上的颗粒冲下，对样品彻底消化。若样品不易消化至澄清透明，可将凯氏烧瓶中溶液冷却，加入数滴30%过氧化氢后，再继续加热消化至完全。

（3）在整个消化过程中，不要用强火。保持和缓的沸腾，使火力集中在凯氏瓶底部，以免附在壁上的蛋白质在无硫酸存在的情况下，使氮有损失。

（4）消化时，若样品含糖高或含脂肪较多时，注意控制加热温度，以免大量泡沫喷出凯氏烧瓶，造成样品损失。可加入少量辛醇或液体石蜡，或硅消泡剂减少泡沫产生。

（5）若硫酸缺少，过多的硫酸钾会引起氨的损失，这样会形成硫酸氢钾，而不与氨作用。因此，当硫酸过多地被消耗或样品中脂肪含量过高时，要增加硫酸的量。

（6）硼酸吸收液的温度不应超过40℃，否则氨吸收减弱，造成检测结果偏低。可把接收瓶置于冷水浴锅中。

（7）混合指示剂在碱性溶液中呈绿色，在中性溶液中呈灰色，在酸性溶液中呈红色。如果没有溴甲酚绿，可单独使用0.1%甲基红乙醇溶液。

（8）氨是否完全蒸馏出来，可用pH试纸测试馏出液是否为碱性来判定。

七、思考题

（1）写出以下各步的化学反应方程式：

①蛋白质消化；②氨的蒸馏；③氨的滴定。

（2）使用凯氏定氮法时产生误差的可能原因有哪些？

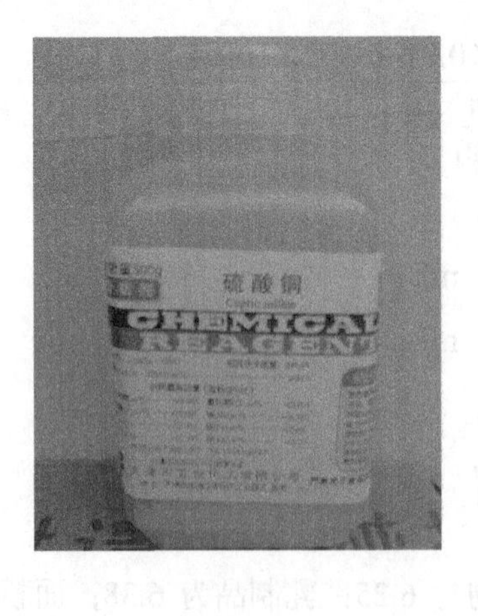

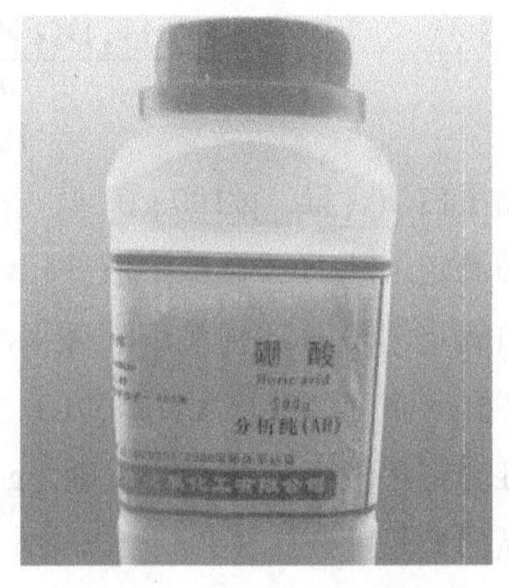

实验二十二 蛋白质定量测定（六）——BCA 法

一、实验原理

BCA（bicinchoninic acid）是一种稳定的水溶性复合物，在碱性条件下，二价铜离子可以被蛋白质还原成一价铜离子，一价铜离子可以和 BCA 相互作用，两分子的 BCA 螯合一个铜离子，形成紫色的络合物。该复合物为水溶性，在 562 nm 处显示强吸光性，在一定浓度范围内，吸光度与蛋白质含量呈良好的线性关系。制作标准曲线后，可以根据待测蛋白在 562 nm 处的吸光度计算待测蛋白浓度。

二、实验准备

（1）BCA 定量试剂盒：含 A 液和 B 液。

A 液：BCA 碱性溶液（配方：1%BCA 二钠盐，0.4%NaOH，0.16%酒石酸钾钠，2%无水碳酸钠，0.95%碳酸氢钠。这些液体混合后再调 pH 值至 11.25）。

B 液：4%硫酸铜。

（2）牛蛋白血清（BSA）。

（3）待测的蛋白样品。

三、实验步骤

（1）配置 BCA 工作液：将 A 液和 B 液摇晃混匀，按照 A:B＝50:1 的比例配制 BCA 工作液，充分混匀。（BCA 工作液室温下 24 h 内稳定，故现用现配）

（2）配置不同浓度的标准蛋白液（BSA），1 μg/μL，2.5 μg/μL，5 μg/μL，7.5 μg/μL，10 μg/μL，待测蛋白样品在什么溶液中，就用该溶液来稀释标准蛋白液（如待测样品溶于强 RIPA 裂解液，则用强 RIPA 裂解液来稀释标准蛋白液）。

（3）取空白组（0 μg/μL BSA）各浓度的标准蛋白液 5 μL 加入 96 孔板中，另取待测的蛋白样品 5 μL 加入 96 孔板。

（4）向各孔的蛋白液中加入 300 μL 的 BCA 工作液，混匀，在 37℃放置 30 min（加样时应当动作轻柔，防止产生气泡影响读数）。

注意：温度和放置时间可以调整，可在 60℃放置 30 min 或者室温放置 2 h。

（5）静置结束后，冷却至室温，用酶标仪测定 562 nm 处的吸光度，并制作标准曲线。

（6）根据待测样品的吸光度，比对标准曲线，计算蛋白的浓度。

四、注意事项

用 BCA 法测定蛋白浓度时，吸光度可随时间的延长不断加深，且显色反应会随温度升高而加快，故如果浓度较低，适合较高温度孵育或延长孵育时间。标准蛋白液的加量应当准确，如果加量不准确，会导致制作出来的标准曲线出现偏差，影响待测样品的浓度计算，所以一方面需要用梯度稀释的方法来配置标准蛋白液，另一方面应使用精确度高的移液枪。若 A 液和 B 液混合出现浑浊时，应振荡混匀，最后可见透明溶液。

为加快 BCA 法测定蛋白浓度的速度，可以用微波炉适当加热，但切勿过热。在测定过程中，若出现空白组的背景值较高时，可用考马斯亮蓝法（Bradford 法）重新测定蛋白浓度。

实验二十三　乳中酪蛋白的分离

一、实验目的

掌握从乳中制备酪蛋白的原理和方法。

二、实验原理

酪蛋白是乳中存在的主要蛋白质，含量约为 35 g/L，酪蛋白不是一种简单的蛋白质，而是一些含磷蛋白质的混合物。

在某一 pH 下，氨基酸分子所带正负电荷相等，本身呈电中性。这时溶液的 pH 值称为氨基酸的等电点。氨基酸在其等电点时溶解度最小，易发生沉淀。利用这一性质将牛乳 pH 值调到 4.8，酪蛋白即可沉淀出来，酪蛋白也不溶于乙醇，利用这一性质可以从酪蛋白粗制品中去掉不需要的脂类物质。

三、实验材料、试剂和仪器

1. 材料、仪器

牛乳；100℃温度计；细布或纱布；布氏漏斗和滤纸；烧杯；量筒；玻璃漏斗；电炉；抽滤瓶；pH 试纸。

2. 试剂

pH 值为 4.6 的醋酸钠缓冲液（27.22 g/L $NaAc \cdot 3H_2O$）；95%乙醇；乙醚；乙醚：乙醇＝1:1。

四、操作步骤

（1）把 100 mL 牛乳放入一个 500 mL 烧杯中，并加热至 40℃在搅拌下慢慢加入 100 mL 40℃的醋酸钠缓冲液。

（2）混合液的最终 pH 值应为 4.8，可用 pH 计校正。

（3）将上面悬浮液冷却至室温，然后放置 5 min，用细布或纱布过滤。

（4）所得沉淀用少量水洗几次，然后悬浮于大约 30 mL 乙醇中。

（5）将上述悬浮液倾入布氏漏斗中过滤，然后用等体积的乙醇和乙醚混合液洗两次。

（6）最后，用 50 mL 乙醚洗沉淀并抽干。

（7）将沉淀从布氏漏斗中移去，摊开在表面皿上待乙醚挥发即得酪蛋白纯品。

五、计算

（1）算出每百毫升牛乳中酪蛋白的含量（%）。

（2）若以 3.5%为理论产量，算出回收率（%）。

附：醋酸—醋酸钠缓冲液（0.2 M）。

表 3-23-1

pH 值（18℃）	0.2M NaAc /mL	0.2M HAc /mL	pH 值（18℃）	0.2M NaAc /mL	0.2M NaAc /mL
3.6	0.75	9.25	4.8	5.90	4.10

续表

pH 值（18℃）	0.2M NaAc /mL	0.2M HAc /mL	pH 值（18℃）	0.2M NaAc /mL	0.2M NaAc /mL
3.8	1.20	8.80	5.0	7.00	3.00
4.0	1.80	8.20	5.2	7.90	2.10
4.2	2.65	7.35	5.4	8.60	1.40
4.4	3.70	6.30	5.6	9.10	0.90
4.6	4.90	5.10	5.8	9.40	0.60

注　0.2N 醋酸钠溶液＝27.22 g/L NaAc。

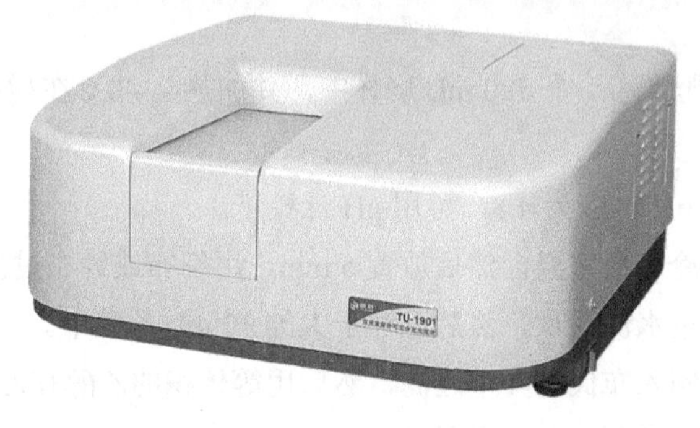

实验二十四 SDS-PAGE 测定蛋白质相对分子量

一、实验目的

（1）了解 SDS-PAGE 垂直板型电泳法的基本原理及操作技术。

（2）学习并掌握 SDS-PAGE 法测定蛋白质相对分子量的技术 。

二、实验原理

SDS-PAGE 电泳法，即十二烷基硫酸钠—聚丙烯酰胺凝胶电泳法。

（1）在蛋白质混合样品中各蛋白质组分的迁移率主要取决于分子大小和形状以及所带电荷多少。

（2）在聚丙烯酰胺凝胶系统中，加入一定量的十二烷基硫酸钠（SDS），SDS 是一种阴离子表面活性剂，加入电泳系统中能使蛋白质的氢键和疏水键打开，并结合到蛋白质分子上，使各种蛋白质—SDS 复合物都带上相同密度的负电荷，其数量远远超过了蛋白质分子原有的电荷量，从而掩盖了不同种类蛋白质间原有的电荷差别。此时，蛋白质分子的电泳迁移率主要取决于它的分子量大小，而其他因素对电泳迁移率的影响几乎可以忽略不计。

三、仪器、原料和试剂

1. 仪器

垂直板型电泳槽；直流稳压电源；50 μL 或 100 μL 微量注射器；玻璃板；水浴锅；染色槽；烧杯；吸量管；胶头滴管等。

2. 原料

低分子量标准蛋白质按照每种蛋白 0.5～1 mg/mL 样品溶解液配制。可配制成单一蛋白质标准液，也可配成混合蛋白质标准液。

3. 试剂

分离胶缓冲液（Tris-HCl 缓冲液，pH 值为 8.9）：取 48 mL 1 mol/L HCl，36.3 g Tris，用无离子水溶解后定容至 100 mL。

浓缩胶缓冲液（Tris-HCl 缓冲液，pH 值为 6.7）：取 48 mL 1 mol/L HCl，5.98 g Tris，用无离子水溶解后定容至 100 mL。

30%分离胶贮液：配制方法与连续体系相同，称丙烯酰胺（Acr）30 g 及 N，N-甲叉双丙烯酰胺（Bis）0.8 g，溶于重蒸水中，最后定容至 100 mL，过滤后置棕色试剂瓶中，4℃保存。

10%浓缩胶贮液：称 Acr 10 g 及 Bis 0.5 g，溶于重蒸水中，最后定容至 100 mL，过滤后置棕色试剂瓶中，4℃贮存。

10% SDS 溶液：SDS 在低温易析出结晶，用前微热，使其完全溶解。

1% TEMED。

10%过硫酸铵（AP）：现用现配。

电泳缓冲液（Tris-甘氨酸缓冲液，pH 值为 8.3）：称取 6.0 g Tris ，28.8 g 甘氨酸，1.0 g SDS，用无离子水溶解后定容至 1 L。

样品溶解液：取 100 mg SDS，0.1 mL 巯基乙醇，1 mL 甘油，2 mg 溴酚蓝，0.5 mL 0.2 mol/L pH 值为 7.2 的磷酸缓冲液，加重蒸水至 10 mL（遇液体样品浓度增加一倍配制）。用来溶解标准蛋白质及待测固体。

染色液：0.25 g 考马斯亮蓝 G-250，加入 454 mL 50%甲醇溶液和 46 mL 冰乙酸即可。

脱色液：75 mL 冰乙酸，875 mL 重蒸水与 50 mL 甲醇混匀。

四、 实验步骤

1. 安装夹心式垂直板电泳槽

安装前，胶条、玻板、槽子都要洁净干燥；勿用手接触灌胶面的玻璃。

2. 配胶

根据所测蛋白质分子量范围，选择适宜的分离胶浓度。本实验采用 SDS-PAGE 不连续系统，按表 3-24-1 的配制分离胶和浓缩胶。

表 3-24-1

分离胶浓度	5%	10%
重蒸水/mL	2.92	4 mL
Tris-HCL，pH 值为 8.8	—	2.5 mL
Tris-HCL，pH 值为 6.8	1.25	—
SDS	0.05	0.1 mL
凝胶储备液	0.8	3.3 mL
TEMED	5 μL	5 μL
过硫酸铵（APS）	25 μL	0.1 mL
总体积/mL	5 mL	10 mL

3. 制备凝胶板

分离胶制备：按表配制 20 mL 10%分离胶，混匀后用细长头滴管将凝胶液加至长、短玻璃板间的缝隙内，约 8 cm 高，用 1 mL 注射器取少许蒸馏水，沿长玻璃板板壁缓慢注入，3～4 mm 高，以进行水封。约 30 min 后，凝胶与水加样体积为 10～15 μL（即 2～10 μg 蛋白质）。如样品较稀，可增加加样体积。用微量注射器小心将样品通过缓冲液加到凝胶凹形样品槽底部，待所有凹形样品槽内都加了样品，即可开始电泳。

4. 电泳

将直流稳压电泳仪开关打开，开始时将电流调至 10 mA。待样品进入分离胶时，将电流调至 20～30 mA。当蓝色染料迁移至底部时，将电流调回到零，关闭电源。拔掉固定板，取出玻璃板，用刀片轻轻将一块玻璃撬开移去，在胶板一端切除一角作为标记，将胶板移至大培养皿中染色。

5. 染色及脱色

将染色液倒入培养皿中，染色 1 h 左右，用蒸馏水漂洗数次，再用脱色液脱色，直到蛋白区带清晰，即用直尺分别量取各条带与凝胶顶端的距离。

五、计算

电泳迁移率与分子量的对数值呈直线关系，符合下列方程：

$$\lg Mr = K - b m_R$$

式中 Mr ——蛋白质的分子量；

K ——常数；

b ——斜率；

m_R ——相对迁移率。

以标准蛋白质分子量的对数对相对迁移率作图，得到标准曲线，根据待样品相对迁移率，从标准曲线上查出其分子量。

六、思考题

SDS-聚丙烯酰胺凝胶电泳与聚丙烯酰胺凝胶电泳原理上有何不同？

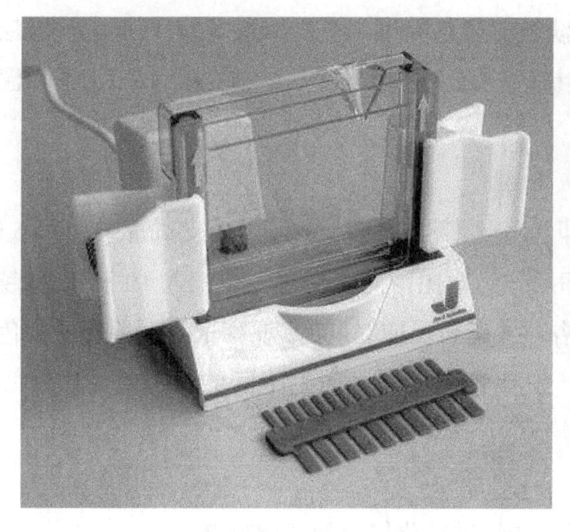

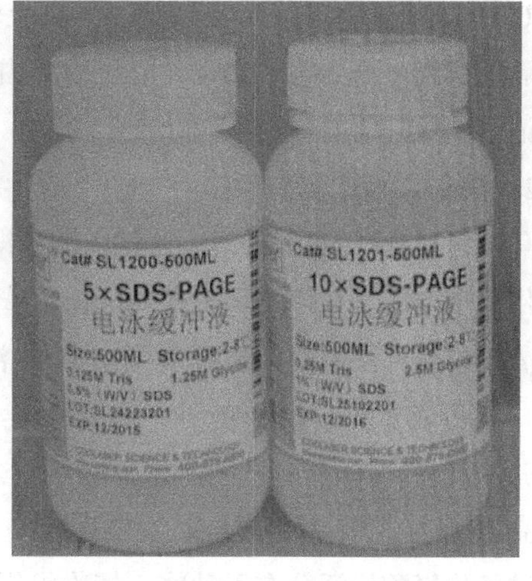

实验二十五　凝胶层析法分离纯化蛋白质

一、实验目的

通过实验了解生物氧化中几种氧化还原酶的作用及简易的鉴定方法。

二、实验原理

生物体内各种代谢物的生物氧化作用（或称呼吸作用）是一系列的氧化还原作用，其中间步骤是靠各种脱氢酶、氧化酶促进的，根据它们的氧化还原特性，选择特殊底物或受氢体进行反应，生成具有一定颜色的产物，从而鉴定酶的存在。

三、操作方法

1. 脱氢酶的定性鉴定

脱氢酶在生物体中广泛存在，脱氢酶催化底物脱下氢后一般经呼吸链传递最终与氧化合成水。在体外实验，则在反应体系中加入亚甲蓝（氧化态为蓝色）作为受氢体，在一定温度下保温一定时间，则亚甲蓝被还原成无色亚甲蓝（即甲烯白）。

去皮马铃薯 3～5 g，切成小丁（玻管内 1～2 cm），分别装入 2 支试管中，其中一支试管加少许蒸馏水，在酒精灯上加热煮沸 5 min，使酶失活，然后将水倒掉，再分别向两支试管中加入 0.02%亚甲蓝水溶液（马铃薯小丁染上淡淡的蓝色即可，不要加太多），再加上一薄层石蜡，隔绝空气，不要摇动试管（防止甲烯白被氧化成亚甲蓝），放入 25℃或 37℃水浴保温，观察记录现象。

2. 氧化酶的定性鉴定

马铃薯加水 10 mL 研磨，过滤，滤液即为氧化酶浸提液，分别向 2 支试管中加入 5 mL 的氧化酶浸取液，1 支试管煮沸 5 min，冷却后作为对照；向 2 支试管中加入 10 滴 1.5%越创木酚酒精溶液，不断摇动试管（可 37℃水浴，并延长反应时间），观察试管颜色变成褐色、红色、紫色或蓝色，表示越创木酚被氧化，氧化程度不同，产生不同的颜色，对照管颜色不变。

3. 过氧化氢酶的定性鉴定（鸡肝）

过氧化氢酶广泛分布于动物、植物组织，能将过氧化氢分解成水和氧。

2 支试管，加入少量鸡肝，其中 1 支加水煮沸，使酶失活，倒掉水，分别加入 6%过氧化氢 5 mL，观察试管内鸡肝周围产生气泡，即氧气。氧气的鉴定：将带火星的木条伸入集气瓶，若木条复燃，则说明该气体是氧气。

4. 过氧化物酶的定性鉴定

过氧化物酶广泛分布于动、植物组织中，一般老化组织中活性较高，幼嫩组织中活性较弱。这是因为过氧化物酶能使组织中所含的某些碳水化合物转化成木质素，增加木质化程度，而且发现早衰减产的水稻根系中过氧化物酶的活性增加，所以过氧化物酶可作为组织老化的一种生理指标。它能催化过氧化氢释放出新生氧，以氧化某些酚类和胺类物质，通过颜色变化鉴定此酶的存在。

超氧化物歧化酶（SOD）是一种新型酶制剂，在生物界的分布极广，几乎从人到单细胞生物，从动物到植物，都有它的存在。人体在自然生存条件下，体内细胞会产生具有氧化性的自由基，这种自由基会在体内与正常的组织蛋白结合或者将其还原性末端氧化，导致组织正常代谢内酶类失活或者受到抑制，色素和毒素会在细胞内沉积，如此过程将导致人的细胞衰老，皮肤细胞表现尤为明显。SOD是人体内产生的，通过酶促反应可以降解这些代谢产生的带有氧化自由基的物质，从而减缓衰老。从外界摄入可以减缓细胞的衰老速度。

2支试管，每管加入马铃薯小块2～3块，加入15 mL蒸馏水，其中1支加热使其失活，冷却后，向2支试管中加入2%联苯胺5滴摇匀，再加6%过氧化氢10滴，比较两管颜色，实验管若变蓝则表示联苯胺被氧化。

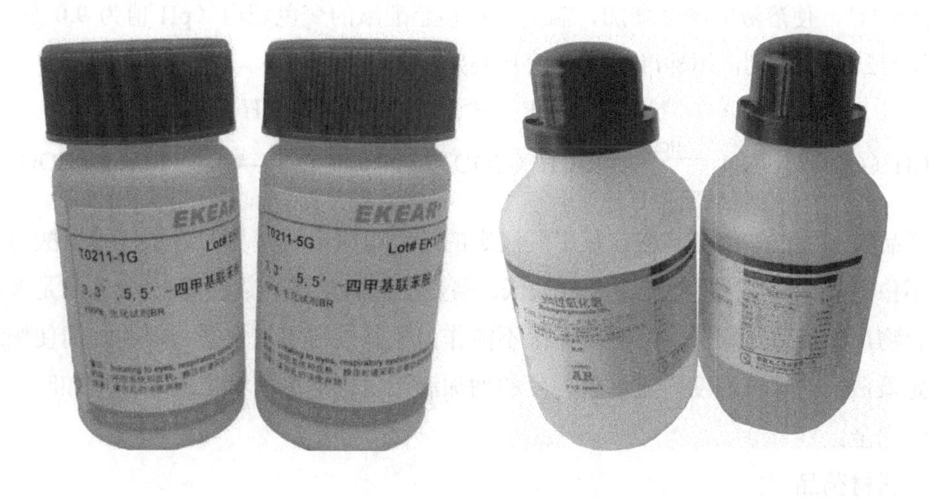

实验二十六　甲醛滴定法测定氨基酸

一、实验目的

掌握甲醛滴定法测定氨基酸含量的原理和操作要点。

二、实验原理

氨基酸是两性电解质，在水溶液中有如下平衡：

$$H_3N^+\text{-R-COO-} \Longleftrightarrow H_2N\text{-R-COO-} + H^+$$

$-NH_3^+$ 是弱酸，完全解离时 pH 值为 11～12 或更高，若用碱滴定 $-NH_3^+$ 所释放的 H^+ 来测量氨基酸，一般指示剂变色域小于 10，很难准确指示终点。

常温下，甲醛能迅速与氨基酸的氨基结合，生成羟甲基化合物，使上述平衡右移，促使 $-NH_3^+$ 释放 H^+，使溶液的酸度增加，滴定终点移至酚酞的变色域内（pH 值为 9.0 左右）。因此，可用酚酞作指示剂，用标准 NaOH 溶液滴定。

$$\text{R-CH（}COO^-\text{）-}NH_3^+ \Longleftrightarrow \text{R-CH（}COO^-\text{）-}NH_2 + H^+ \xrightarrow{NaOH} \text{中和}$$

$$\text{R-CH（}COO^-\text{）-}NH_2 \xrightarrow{HCHO} \text{R-CH（}COO^-\text{）-}NHCH_2OH \xrightarrow{HCHO} \text{R-CH（}COO^-\text{）-N（}CH_2OH\text{）}_2$$

如样品为一种已知的氨基酸，从甲醛滴定的结果可算出氨基氮的含量（脯氨酸与甲醛作用生成不稳定的化合物，使滴定毫升数偏低。酪氨酸的滴定毫升数偏高）。如样品是多种氨基酸的混合物，如蛋白水解液，则滴定结果不能作为氨基酸的定量依据。但此法简便快速，常用来测定蛋白质的水解程度。随水解程度的增加滴定值也增加，滴定值不再增加时，表示水解作用已完全。

三、器材药品

25 mL 锥形瓶；3 mL 微量滴定管；吸管。

0.1 mol/L 标准甘氨酸溶液 300 mL 准确称取 750 mg 甘氨酸，溶解后定容至 100 mL。

0.1 mo1/L 标准 NaOH 溶液 500 mL;（标准 NaOH 溶液应在使用前标定，并在密闭瓶中保存。不可使用隔日贮在微量滴定管中的剩余 NaOH）。

酚酞指示剂 20 mL；0.5%酚酞的 50%乙醇溶液。

中性甲醛溶液 400 mL 在 50 mL 36%～37%分析纯甲醛溶液中加入 1 mL 0.1%酚酞乙醇水溶液，用 0.1 mol/L 的 NaOH 溶液滴定到微红，贮于密闭的玻璃瓶中。此试剂在临用前配制。如已放置一段时间，则使用前需重新中和。

四、实验操作

（1）取 3 个 25 mL 的锥形瓶，编号。向第 1、2 号瓶内各加入 2 mL 0.1 mo1/L 的标准甘氨酸溶液和 5 mL 水，混匀。向 3 号瓶内加入 7 mL 水。然后向 3 个瓶中各加入 5 滴酚酞指示剂，混匀后各加 2 mL 甲醛溶液，再混匀，分别用 0.1 mo1/L 标准 NaOH 溶液滴定至溶液显微红色。

重复以上实验 2 次，记录每次每瓶消耗标准 NaOH 溶液的毫升数。取平均值，计算甘氨酸氨基氮的回收率。

$$甘氨酸氨基氮回收率\% = \frac{实际测得量}{加入理论量} \times 100\%$$

公式中实际测得量为滴定第 1、2 号瓶耗用的标准 NaOH 溶液毫升数的平均值与 3 号瓶耗用的标准 NaOH 溶液毫升数之差乘以标准 NaOH 的摩尔浓度，再乘以 14.008。2 mL 乘以标准甘氨酸的摩尔浓度再乘 14.008。即为加入理论量的毫克数。

（2）取未知浓度的甘氨酸溶液 2 mL，依上述方法进行测定，平行做几份，取平均值。计算每 mL 甘氨酸溶液中含有氨基氮的 mg 数。

$$氨基氮（mg/mL）= \frac{(A-B) \times mol / L_{NaOH} \times 14.008}{2}$$

式中　A——滴定待测液耗用标准 NaOH 溶液的平均毫升数；

B——滴定对照液（3 号瓶）耗用标准 NaOH 溶液的平均毫升数；

mol/L_{NaOH}——标准 NaOH 溶液的真实摩尔浓度。

五、思考题

选用酚酞指示剂，为什么滴定的是氨基？

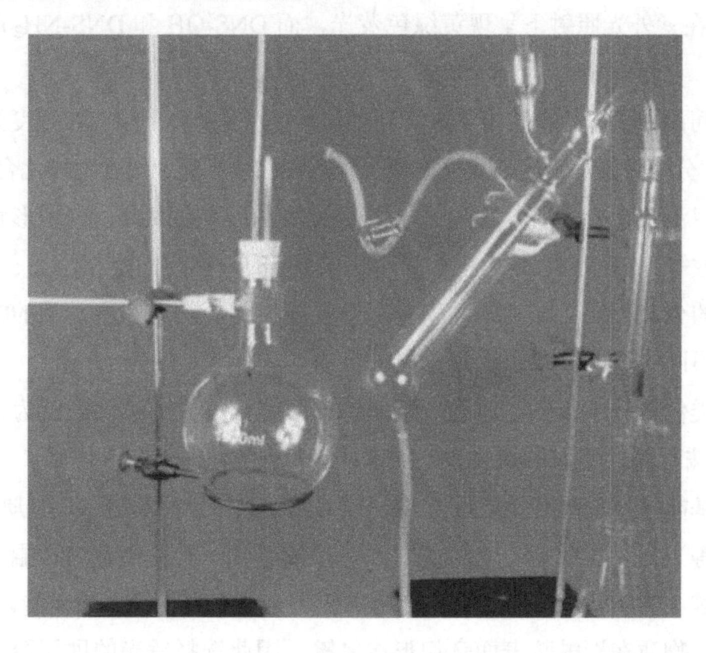

实验二十七 DNS-氨基酸的制备和鉴定

一、实验目的

（1）了解并掌握DNS-氨基酸的制备和鉴定的原理。

（2）掌握制备 dansyl 氨基酸和聚酰胺薄膜层析法的操作和方法。

二、实验原理

荧光试剂 5-二甲氨基-1-萘磺酰氯（dansyl-Cl，DNS-Cl）在碱性条件下与氨基酸（肽或蛋白质）的氨基结合成带有荧光的 DNS-氨基酸（DNS-肽或 DNS-蛋白质），DNS-氨基酸再经酸水解可释放出 DNS-氨基酸。

DNS-Cl 能与所有的氨基酸生成具荧光的衍生物，其中赖氨酸、组氨酸、酪氨酸、天冬酰胺等氨基酸可生成双 DNS-氨基酸衍生物。这些衍生物相当稳定，可用于蛋白质的氨基酸组成的微量分析，灵敏度可达 10^{-10}～10^{-9} mol 水平，比茚三酮法高 10 倍以上，比过去常用的 FDNB 法高 100 倍。将 Edman 法和 DNS 法结合起来（称为 Edman-DNS 法）应用于蛋白质结构的序列分析上作，可以提高 Edman 法的灵敏度及其分析速度。

DNS-Cl 在 pH 值过高时，水解产生副产物 DNS-OH，在 DNS-Cl 过量时，会产生 DNS-NH_2

DNS-氨基酸在紫外光照射下呈现黄绿色荧光，而 DNS-OH 和 DNS-NH_2 产生蓝色荧光，可彼此区分开。

DNS-氨基酸可用聚酰胺薄膜层析法进行分离和鉴定，在薄膜上检测灵敏度为 0.01 μg。由于它具有灵敏度高，分辨力强，快速，操作方便等优点，已被广泛应用于各种化合物的分析。

层析法是利用混合物中各组分物理化学性质的差异（如吸附力、分子形状及大小、分子亲和力、分配系数等），使各组分在两相（一相为固定的，称为固定相；另一相流过固定相，称为流动相）中的分布程度不同，即各组分所受的固定相的阻力和流动相的推力影响不同，从而使各组分以不同的速度移动而达到分离的目的。

聚酰胺是一类化学纤维原料，由己二酸与己二胺聚合而成的称锦。因为在这类物质分子中都含有大量酰胺基团，故统称聚酰胺。它对很多极性物质有吸附作用，这是由于聚酰胺的-C＝O 及-NH 基能与被分离物质之间形成氢键。如酚类（包括黄酮类、鞣质等）和酸类（如核苷酸、氨基酸等）是以其羟基与酰胺键的羰基形成氢键；硝基化合物和醌类等物质与酰胺键的氨基形成氢键。被分离物质形成氢键能力的强弱，确定吸附能力的差异。在层析过程中，层层溶剂与被分离物质在聚酰胺表面竞相形成氢键。因此选择适当的展层溶剂，使被分离物质在溶剂与聚酰胺表面之间的分配系数能有较大差异，经过吸附与解吸的展层过程，可以一一分离。

三、实验器材

聚酰胺薄膜（7 cm×7 cm）；电吹风 1 个；紫外灯 1 台；点样管（4 支）；吸管；量筒；

烧杯（500 mL）；铅笔。

四、实验试剂

DNS-Cl 丙酮溶液。

展层液：$V_{甲酸}$:$V_{蒸馏水}$＝1.5:100。

氨基酸样品：标准 Gly、Phe、His 溶液。

混合氨基酸溶液。

五、实验操作

1. DNS 标记

取 4 支小离心管，分别加入氨基酸 30 μL，再各加入 30 μL DNS-Cl 丙酮溶液，混合均匀后置于 37℃水浴锅中 1 h。

2. 点样

在距聚酰胺薄膜底端 1 cm 处用铅笔画一条直线，以这条直线为基准，分别取四个离心管中液体用四个不同的点样管在聚酰胺薄膜上点样，直径不宜超过 2 mm，重复 2～3 次，最多不宜超过 5 次。

3. 展层

（1）配制展层液（$V_{甲酸}$:$V_{蒸馏水}$＝1.5:100）100 mL，可两个小组共同配制使用。

（2）将展层液置于培养皿盖（加 12～13 mL）或底（加 10 mL）中，将已点样的聚酰胺薄膜用皮筋；套上可使其站立后放入展层液中，盖上 500 mL 烧杯；待展层液上升到距顶端大约 0.5 cm 时展层结束，将其取出，冷风吹干。

4. 透射

将冷风吹干的聚酰胺薄膜放在紫外灯下，用铅笔将黄绿色斑点圈出。

六、实验结果

（1）下面是我在本次试验中所得到的聚酰胺薄膜，由于实验中第一次点样过大，所以将聚酰胺薄膜的左下角与其他区域分割开，以免影响展层结果。从左到右依次为丙氨酸（Ala）、苯丙氨酸（Phe）赖氨酸（Lys）和混合氨基酸。

（2）R_f值计算：

$$R_f=\frac{色斑中心至远点中心的距离}{溶剂前缘至原点中心的距离}$$

七、思考题

聚酰胺薄膜层析法中对层析液有什么要求，层析液应具备什么特点？

实验二十八　用DNS法鉴定蛋白质或多肽的N-端氨基酸

一、实验目的

学习用DNS法分析蛋白质及肽的N-末端，掌握聚酰胺薄膜层析法的实际操作。

二、实验原理

蛋白质N-末端氨基酸的-NH_2与荧光试剂DNS-Cl（二甲氨基萘磺酰氯）反应后得到Dansyl-蛋白质（二甲氨基萘-5磺氨酰蛋白），经酸水解，得到Dansyl-氨基酸和各种游离氨基酸。DNS-氨基酸在波长254 nm或265 nm的紫外光照射下发出强烈的黄绿色荧光，并易于进行色谱分离，用聚酰胺薄膜层析可测出含量仅为10^{-9}～10^{-10}摩尔的DNS-氨基酸，比FDNB（2，4-二硝基氟苯法）的灵敏度高100倍左右。

实验中所得的DNS-氨基酸比相应的FDNB法得到DNP-氨基酸更稳定，且耐酸水解。

本实验的反应首先在碱性（pH值为9.5～10.5）条件下，使蛋白质或多肽的N-末端氨基酸与DNS-Cl结合，得到二甲基氨萘-5-磺酰蛋白（DNS-蛋白）。此DNS-蛋白在6 mol/L，HCl中水解时，蛋白质中的肽键均发生断裂，得到游离的氨基酸，而N-末端的氨基酸形成DNS-氨基酸。对此DNS-氨基酸进行鉴定，即可确定蛋白质的N-末端氨基酸。

DNS- Cl能与所有的氨基酸作用生成具有荧光的衍生物，这些衍生物都相当稳定，在5.7 mol/L HCl溶液中经105℃条件下水解22 h，除DNS-色氨酸全部被破坏，DNS-脯氨酸、DNS-丝氨酸（35%）、DNS-甘氨酸（18%）及DNS-丙氨酸（70%）也被破坏，但其他DNS-氨基酸没有任何损失。

本实验采用的聚酰胺薄膜层析是20世纪70年代后发展起来的一种层析技术。聚酰胺薄膜是将锦纶涂布于涤纶上制成的。锦纶是由己二酸和己二胺聚合成的。其中含有大量的酰胺基团。由于酰胺的-C=O基及-NH_2可与被分离组分形成氢键，因此可以吸收酸类、酚类、硝基及胺基化合物等。由于被分离物质与其形成氢键的能力不同，因此对各种物质吸附的强度亦不同。因此选择适当的溶剂，使被分离物质在膜表面与溶剂间的分配系数产生较大的差异，经过吸附与解吸附的层层过程，使被分离物质彼此分开。

与纸层析相比，聚酰胺薄膜层析在分析氨基酸衍生物时具有灵敏度高、分辨率强、速度快、操作方便等优点，在生化分析中起到了越来越重要的作用。

三、实验器材

紫外灯；烘箱；恒温箱；聚酰胺薄膜；层析缸；吹风机；毛细管。

四、材料与试剂

结晶胰岛素；

0.2 mol/L $NaHCO_3$；

1 mol/L NaOH；

乙酸乙酯；

DNS-C1 丙酮溶液（25 mg/mL）；

6 mol/L HCl。

展层溶剂：

甲酸:水＝1.5:100（体积比）（第一相）；

苯:冰乙酸＝9:1（体积比）（第二相）。

五、操作方法

1. 蛋白质样品的 Dansyl 化

用 0.2 mol/L $NaHCO_3$ 将结晶胰岛素配成 2 mg/mL 的溶液，用 1 mol/L NaOH 调节 pH 值到 9.0～9.5。取上述溶液 4 滴滴于小离心管中，加入 4 滴 DNS-C1 丙酮溶液，混匀，用胶布封口，置 40℃烘箱中保温 1 h，取出后真空抽干（或 60℃蒸去丙酮）。固体混合物即为 DNS-胰岛素。

2. DNS-胰岛素的水解和 DNS-氨基酸的抽提

在上述离心管内，加入 0.2 mL 6 mol/L HCl 溶液，使其溶解，转移到小安瓿管中，用火焰封口，置 110℃烘箱水解 18 h 左右。水解后开管，真空抽干或用吹风机吹干，加 2 滴 0.2 mol/L Na_2CO_3 溶液，并用 1 mol/L HCl 调 pH 值至 2.0～2.5，加入 5～6 滴乙酸乙酯，稍微晃动，安瓿管上层乙酸乙酯层内含 DNS-末端氨基酸，再用乙酸乙酯抽提 2～3 次，加入 0.1 mL 丙酮溶解，待用。

3. DNS-标准氨基酸的制备

由于已知胰岛素 A、B 链的 N-末端分别为甘氨酸和苯丙氨酸，因此将标准甘氨酸和标准苯丙氨酸分别用 0.2 mol/L $NaHCO_3$ 配成 0.5 mg/mL 浓度的溶液，用 1 mol/L NaOH 调到 pH 值为 9.0～9.5。用滴管取标准甘氨酸液 3～4 滴装入安瓿管内，再取苯丙氨酸溶液 3～4 滴装入另一小管中，在每个小管中加入等体积的 DNS-Cl 丙酮液，摇匀，用胶布封口，置 40℃温箱保温 1 h。取出，蒸去丙酮，滴入 1 mol/L 的 HCl 液调 pH 值为 2.0～2.5，加入乙酸乙酯 5～6 滴，稍晃动，离心管上层乙酸乙酯层即含 DNS-标准氨基酸，再用乙酸乙酯抽提 2～3 次，蒸去乙酸乙酯，加入 0.1 mL 丙酮溶液，待用。

4. DNS-氨基酸的层析

将聚酰胺薄膜剪成 7 cm×7 cm 的方块，距边 1 cm 处画上一直线作为基线，基线上画几个 X 点，作为点样起始点。

点样：将 DNS-胰岛素水解液与 DNS-甘氨酸，DNS-苯丙氨酸一起点在基线 X 处，点样直径不超过 2 mm，每点完一次，用吹风机吹干。

展层：将点完样品的薄膜光面向外，聚酰胺面向内，用橡皮筋或照相底片圈（用 1 mol/L NaOH 溶液煮过）箍住，置于装有第一相层层溶剂的培养皿中，进行单向层层，直到溶剂前沿距顶 1 cm，取出薄膜吹干。将聚酰胺薄膜倒转 90℃，在第二相溶剂进行第二向层层，直到溶剂前沿距顶端 1 cm 处，取出聚酰胺薄膜，吹干。

5. 结果分析

将层析后的薄膜置于 254 nm 或 265 nm 的紫外灯下观察，将绿色荧光点画在膜上，通过样品水解 N-末端氨基酸与 DNS-甘氨酸，DNS-苯丙氨酸的层析位置比较，证明胰岛素 N-末端是哪一种氨基酸。

六、思考题

（1）聚酰胺薄膜层析具有哪些特点？

（2）胰岛素 N-末端是哪一种氨基酸？

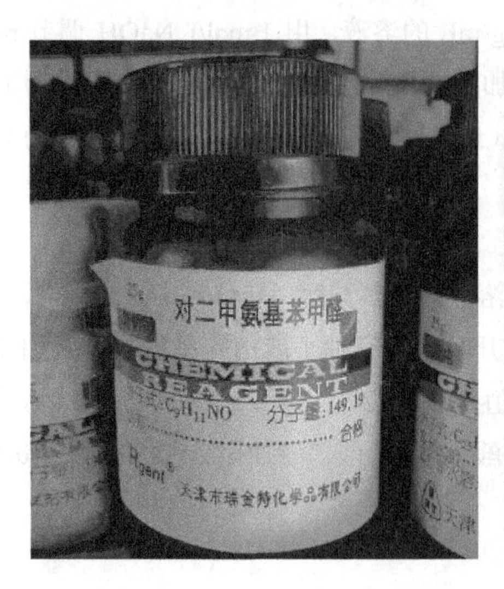

实验二十九　氨基酸纸层析法

一、实验目的

（1）掌握纸层析法的基本原理。

（2）通过对氨基酸的分离，掌握纸层析的操作方法并学会分析未知样品中的氨基酸组分。

二、实验原理

（1）层析法，又称色谱法（Chromatography），是一种物理的分离方法。利用混合物中各组分物理化学性质的差异（如吸附力、分子形状及大小、分子亲和力、分配系数等），使各组分以不同程度分布在固定相和流动相两相中，并使各组分以不同速度移动，从而得到有效的分离。操作方式：纸层析、薄层层析、柱层析等。

分离机理：分配层析、吸附层析、离子交换层析、凝胶层析、亲和层析等。

（2）纸层析法，是用滤纸作为惰性支持物的分配层析法，展层溶剂由有机溶剂和水组成。滤纸纤维上的羟基具有亲水性，在滤纸上水就被吸附在纤维素的纤维之间形成固定相。当有机溶剂（流动相）沿纸流动经过层析点时，层析点上溶质就在水相和有机相之间不断进行分配。由于溶质中各组分的分配系数不同，移动速率也不同，因而可以彼此分开。

$$\text{分配系数}K=\frac{\text{溶质在固定相中的浓度}}{\text{溶质在流动相中的浓度}}$$

物质被分离后在纸层析图谱上的移动速率用 R_f 值来表示：

$$R_f=\frac{\text{原点至层析点中心的距离}}{\text{原点到溶剂前沿中心的距离}}$$

（3）在一定条件下，物质的 R_f 值是常数。R_f 值的大小与物质的结构、性质、溶剂系统、层析滤纸的质量和层析温度等因素有关。

（4）本实验利用纸层析法分离氨基酸，利用茚三酮反应将氨基酸层析点显色来鉴定氨基酸的种类。

三、实验试剂、器材

酸性展层剂：正丁醇:88%甲酸:水＝15:3:2（体积比）；

显色储备液：0.4 mol/L 茚三酮—异丙醇:甲酸:水＝20:1:5（体积比）；

标准氨基酸溶液（6 mg/mL，苯丙氨酸 Phe、甘氨酸 Gly、脯氨酸 Pro、组氨酸 His）；

未知样品液：上述 4 种氨基酸中的一种或几种混合液（每组任选一个样品）；

实验器材：滤纸；烧杯；剪刀；毛细管；层析缸；微量注射器；电吹风；保鲜膜。

四、操作方法

1. 点样

量取 30 mL 层析溶剂、1 mL 显色贮备液于层析缸中，混匀密闭，静置（展层缸洗净后应除去多余的水，否则会影响展层溶剂的比例而影响展层）。

戴好手套，在桌上铺好一层保鲜膜。取一张干净滤纸，将其剪裁为 18 cm×14 cm。在纸的一端距边缘 2 cm 处用铅笔轻轻划一条直线，在此直线上等距离分出几个点作为点样原点（点样操作时应戴手套，防止样品及滤纸受污染）。

用毛细管将标准氨基酸及未知样品分别点在点样点上，每次点样后用电吹风冷风吹干再点下一次，点样点直径不超过 5 mm。

2. 层析与显色

将滤纸卷成圆柱形，用针线缝合或订书针固定成圆筒状，纸的两边不能接触（见下图）。

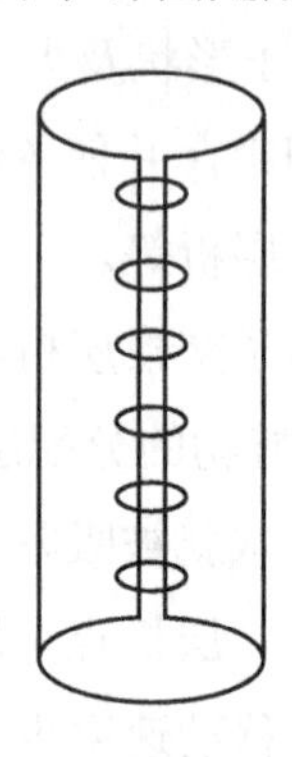

将滤纸竖直放入盛有展层剂的层析缸中，迅速盖紧层析缸盖（点样点的一端在下，展层剂液面需低于点样线 1 cm 左右）。

待溶剂前沿线距滤纸末端 1～2 cm（展层长度 10 cm，约 2 h）时，取出滤纸（需戴上手套）用铅笔将前沿线作一标记。剪去缝合线，使用电吹风热风吹（通风橱中进行），即可见层析斑点。

五、结果处理

用铅笔将层析图谱上的斑点圈出，分别测量点样点到层析点中心和点样点到溶剂前沿的距离。计算各种标准氨基酸的 R_f 值，并根据样品分离的情况鉴定混合样品中氨基酸的组分。

六、误差分析

（1）样品点样不足，显色不明显。

（2）点样时温度较高，氨基酸浓度发生变化。

（3）滤纸边缘不齐，影响氨基酸扩散速度。

（4）显色时，热风温度不够，显色不明显。

（5）测量不精确，扩散距离存在误差。

七、注意事项

（1）严格控制点样位置以及点样直径，防止层析后氨基酸斑点过度扩散和重叠，同时点样点应高于展层剂液面。

（2）点样时宜采用冷风吹干。

（3）展层剂需临用时配制，以免发生酯化而影响层析结果。展层剂比例应保持不变，因此展层缸应保持干燥。

（4）若样品中溶质种类较多，且某些溶质在一种溶剂系统中的 R_f 值十分接近时，单向层析分离效果不佳，可采用双向层析。

（5）滤纸垂直放置高度不能超过层析缸的高度，滤纸边缘不可触碰到层析缸边缘，否则沿线上升速度偏差会很大。

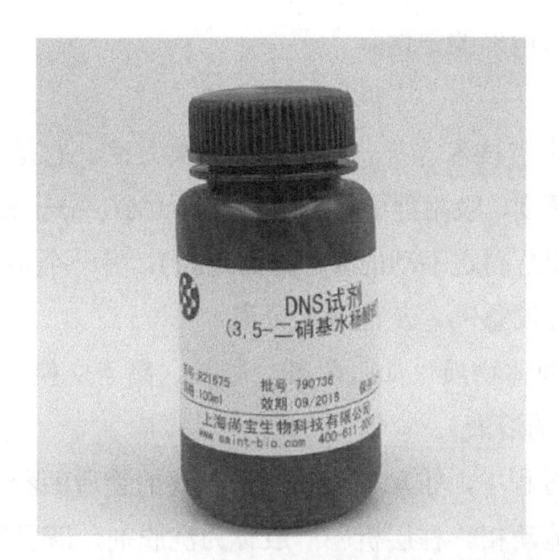

实验三十　氨基酸的薄层层析分离和鉴定

一、实验目的

（1）理解薄层层析原理。

（2）掌握薄层层析技术。

（3）学会氨基酸的较为精确的定性。

二、实验原理

（1）层析技术，也称色谱技术，是一种物理的分离方法。它是利用混合物中各组分的物理化学性质的差别（如溶解度、吸附能力、分子形状和大小、分子极性），使各组分在两个相中的分布不同，其中一个相是固定不动的（称为固定相），另一个相则流过此固定相（称为流动相）并使各组分以不同速度移动，从而达到分离。

（2）固定相：可以是固体物质（如吸附剂，凝胶，离子交换剂等），也可以是液体物质（如固定在硅胶或纤维素上的溶液）。

（3）流动相：在层析过程中，推动固定相上待分离的物质朝着一个方向移动的液体、气体或超临界体等，都称为流动相。柱层析中一般称为洗脱剂，薄层层析时称为展层剂。

（4）层析技术利用。

分离混合物一些结构类似、理化性质也相似的化合物组成的混合物，一般应用化学方法分离很困难，但应用色谱法分离，有时可得到满意的结果。

鉴定化合物在条件完全一致的情况，纯的化合物在薄层色谱或纸色谱中都呈现一定的移动距离，称比移值（R_f值）。

所以利用色谱法可以鉴定化合物的纯度或确定两种性质相似的化合物是否为同一物质。但影响比移值的因素很多，如薄层的厚度，吸附剂颗粒的大小，酸碱性，活性等级，外界温度和展开剂纯度、组成、挥发性等。所以，要获得重现的比移值就比较困难。为此，在测定某一试样时，最好用已知样品进行对照。

薄板层析：通常将吸附剂（载体）铺在光洁的表面上（如玻璃板、金属或塑料等），形成均匀的薄层。然后以流动相展开，样品中的组分不断地被吸附剂（固定相）吸附，又被流动相溶解（解吸）而向前移动。由于吸附剂对不同组分有不同的吸附能力，流动相有不同的解吸能力，因此，在流动相向前流动的过程中，不同组分移动的距离不同，因而得到分离。

（5）薄层层析特点。

装置简单，操作简便。展开耗时短，一般 20～30 min 即可上行十几厘米。斑点扩散少，检出灵敏度高。同一薄层析可用多种试剂显斑。加厚薄层后可用于制备。

三、实验器材

1. 材料

玻板：除另有规定外，用 5 cm×20 cm，10 cm×20 cm 或 20 cm×20 cm 的规格，要求光滑、平整，洗净后不附水珠，晾干。

固定相或载体：最常用的有硅胶 G、硅胶 GF254、硅胶 H、硅胶 HF254，其次有硅藻土、硅藻土 G、氧化铝、氧化铝 G、微晶纤维素、微晶纤维素 F254 等。其颗粒大小，一般要求直径为 10～40 μm。薄层涂布，一般可分无黏合剂和含黏合剂两种；前者系将固定相直接涂布于玻璃板上，后者系在固定相中加入一定量的黏合剂，一般常用 10%～15%煅石膏（$CaSO_4 \cdot 2H_2O$ 在 140℃烘 4 h），混匀后加水适量使用，或用羧甲基纤维素钠水溶液（0.5%～0.7%）适量调成糊状，均匀涂布于玻璃板上。也有含一定固定相或缓冲液的薄层。

点样器同纸色谱法项下展开室应使用适合薄层板大小的玻璃制薄层色谱展开缸，并有严密的盖子，除另有规定外，底部应平整光滑，应便于观察。

2. 主要仪器

带密封盖的层析缸；毛细管（0.5 mm）；100℃的烘箱；电吹风机；载玻片（75 mm×25 mm）、玻璃棒；药勺；烧杯（100 mL）；量筒（10 mL）；滤纸；喷雾器；直尺；铅笔。

3. 试剂

氨基酸标准溶液：甘氨酸、赖氨酸、精氨酸、缬氨酸 10 mg/mL 水溶液，各 25 mL；

样品液：混合氨基酸的水溶液，25 mL；

展开剂：水:乙醇:乙酸＝1:6:0.5，500 mL；

显色剂：0.5%茚三酮溶液（茚三酮 0.5 g 溶于乙醇 100 mL 中）。

四、操作方法

1. 硅胶 G 薄层板的制备

清洗玻璃板：先用洗衣粉和水清洗干净，再经自来水淋洗，经酒精冲洗后放入烘箱烘干，取用时只能手指接触板的边缘。

制备浆液：称取 3 g 硅胶 G 于烧杯中，缓慢地加入 9 mL 0.5%羧甲基纤维素钠溶液，边加边搅拌，加料完毕用玻璃棒剧烈搅拌调成均匀浆液。

涂片：将调好的浆液倒在玻璃板上，将板倾斜使浆液铺开，再将板拿起用手左右摇晃，使浆液均匀附在玻璃板上，其厚度为 0.25～1 mm，然后用纸轻轻擦去薄板四周多余浆液（取拿板时只能触及板的顶部及两侧），把薄板放桌面上晾干。

活化：将硅胶板于 105～110℃烘箱内烘 30 min，取出冷却放在干燥器内保存备用（薄层活化温度一般不超过 128℃，以免引起石膏脱水失去固着能力）。

2. 点样

在距离薄板一端 1～1.5 cm 处用细线向下压硅胶（用铅笔划一线），压成一条点样线。

用直径约 1 mm 或 0.55 mm 的玻璃毛细管分别吸取甘氨酸、精氨酸、赖氨酸、缬氨酸及混合氨基酸溶液，在点样线上点样，每隔 0.8 cm 处点一种样品（约 5 μL），与薄板垂直方向轻轻碰点样处点样，直径 2～3 mm。待点样处干后（可用吹风机吹干），再将样品在原点样处重复点一次。

氨基酸的点样量以 5 μL 为宜，含氨基酸 0.5～2 μg。

3. 展开

硅胶板的点样端向下，倾斜地放入层析缸内，使其与缸底平面呈 15°～30°角。

用长颈漏斗加入展开剂使展开剂离点样处 1 cm 处为止。即点样端浸入展开剂深度 0.3～0.5 cm 为宜。

盖上层析缸盖进行层析。

当溶剂前沿距上边缘 1cm 处时，取出薄层板，立即用笔标出溶剂前沿的位置，将硅胶板置干燥箱烘干。

4. 显色

用喷雾器均匀地喷上茚三酮显色剂。

将玻板置 105℃干燥箱内烘干，约 10 min 左右即可显出粉红色斑点（脯氨酸为黄色）。

五、结果与计算

用大头针轻轻划出所有斑点的轮廓，再用尺量出每个斑点从原点至斑点中心的距离及原点至展开剂前沿距离，计算出 R_f 值。

R_f 值＝氨基酸移动的距离（cm）/溶剂移动的距离（cm）

＝样品至色斑中心的距离（cm）/样品至溶剂前沿中心的距离（cm）

六、注意事项

（1）为了防止薄层被手上的汗液污染，应尽量在操作时戴手套。

（2）重复点样时可用吹风机的冷风吹干样品，喷了茚三酮后的显色则要用热风吹干薄层。

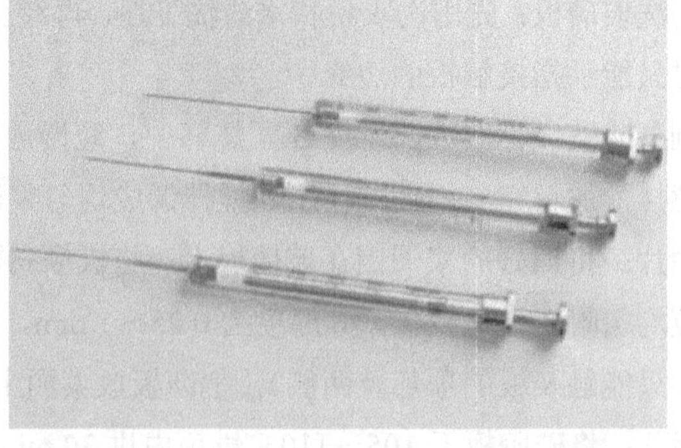

实验三十一　氨基酸定量测定——茚三酮显色法

一、实验原理

茚三酮溶液与氨基酸共热，生成氨。氨与茚三酮和还原性茚三酮反应，生成紫色化合物。该化合物颜色的深浅与氨基酸的含量呈正比，可通过测定 570 nm 处的光密度，测定氨基酸的含量。

二、试剂与材料

标准氨基酸溶液：配制成 0.3 mmol/L 溶液。

pH 值为 5.4，2 mol/L 醋酸缓冲液：量取 86 mL 2 mol/L 醋酸钠溶液，加入 14 mL 2 mol/L 乙酸混合而成，用 pH 计检查校正。

茚三酮显色液：称取 85 mg 茚三酮和 15 mg 还原茚三酮，用 10 mL 乙二醇甲醚溶解。

茚三酮若变为微红色，则需按下法重结晶：称取 5 g 茚三酮溶于 15～25 mL 热蒸馏水中，加入 0.25 g 活性炭，轻轻搅拌。加热 30 min 后趁热过滤，滤液放入冰箱过夜。次日析出黄白色结晶，抽滤，用 1 mL 冷水洗涤结晶，置干燥器干燥后，装入棕色玻璃瓶保存。

还原型茚三酮按下法制备：称取 5 g 茚三酮，用 125 mL 沸蒸馏水溶解，得黄色溶液。将 5 g 维生素 C 用 250 mL 温蒸馏水溶解，一边搅拌一边将维生素 C 溶液滴加到茚三酮溶液中，不断出现沉淀。滴定后继续搅拌 15 min，然后在冰箱内冷却到 4℃，过滤、沉淀用冷水洗涤 3 次，置五氧化二磷真空干燥器中干燥保存，备用。

乙二醇甲醚若放置太久，需用下法除去过氧化物：在 500 mL 乙二醇甲醚中加入 5 g 硫酸亚铁，振荡 1～2 h，过滤除去硫酸亚铁，再经蒸馏，收集沸点为 121～125℃的馏分，为无色透明的乙二醇甲醚。

4.60%乙醇。

样品液：每毫升含 0.5～50 μg 氨基酸。

分光光度计。

水浴锅。

三、操作步骤

1. 标准曲线的制作

分别取 0.3 mmol/L 的标准氨基酸溶液 0、0.2、0.4、0.6、0.8、1.0 mL 于试管中，用水补足至 1 mL。各加入 1 mL pH 值为 5.4，2 mol/L 醋酸缓冲液；再加入 1 mL 茚三酮显色液，充分混匀后，盖住试管口，在 100℃水浴锅中加热 15 min，用自来水冷却。放置 5 min 后，加入 3 mL 60%乙醇稀释，充分摇匀，用分光光度计测定 $OD_{570\ nm}$。（脯氨酸和羟脯氨酸与茚三酮反应呈黄色，应测定 $OD_{440\ nm}$）。

以 $OD_{570\ nm}$ 为纵坐标，氨基酸含量为横坐标，绘制标准曲线。

2. 氨基酸样品的测定

取样品液 1 mL，加入 pH 值为 5.4，2 mol/L 醋酸缓冲液 1 mL 和茚三酮显色液 1 mL，混匀后于 100℃沸水浴锅中加热 15 min，自来水冷却。放置 5 min 后，加 3 mL 60%乙醇稀释，摇匀后测定 $OD_{570\ nm}$（生成的颜色 60 min 内稳定）。

将样品测定的 $OD_{570\ nm}$ 与标准曲线对照，可确定样品中氨基酸含量。

四、结果计算

$$氨基酸含量\left(\frac{m/mol}{L}\right)=\frac{OD_{570}}{1000}$$

式中，$OD_{570\ nm}$ 由对应标准曲线查得。

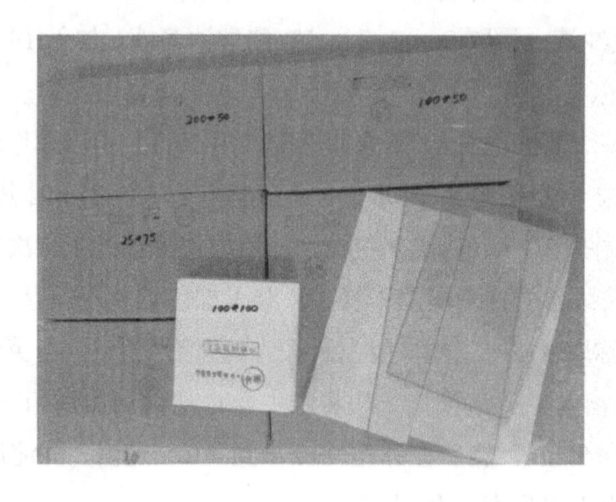

实验三十二　离手交换柱层析法分离氨基酸

一、实验目的

（1）学习利用离子交换柱层析法分离氨基酸的原理和方法。

（2）掌握离子交换柱层析法的基本操作技术，包括树脂的装柱加样、洗脱、检查等。

二、实验原理

离子交换树脂是具有酸性或碱性的合成聚苯乙烯—苯乙二烯不溶性高分子化合物。

各种氨基酸分子的结构不同从而导致 pI 点不同。各种氨基酸在相同 pH 时带有不同的电荷，与离子交换树脂的亲和力有差异，因此可依亲和力从小到大的顺序被洗脱液洗脱下来，达到分离的效果。

树脂对离子的亲和力，与水合离子半径、电荷及离子的极化程度有关。水合离子半径越小、电荷越高、极化程度越大，则它的亲和力越大。其中静电力起主要作用。

在 pH 值为 5.8 的缓冲液中，在阳离子柱中氨基酸洗出的大体顺序为酸性、中性、碱性。本试验所用氨基酸中，Asp（天冬氨酸）是酸性氨基酸，pI＝2.97；Lys（赖氨酸）是碱性氨基酸，pI＝9.74。

茚三酮跟蛋白质或者多肽在加热条件下发生紫色反应。

三、实验器材

MC99-3 自动液相色谱分离层析仪；层析管；专用试管；水浴锅；铝制试管架；分光光度计；玻璃棒；移液管；洗瓶；硅胶管。

四、实验步骤

1. 树脂的准备

将强酸型阳离子交换树脂用 NaOH 处理成 Na^+ 型后洗至中性待用。方法如下：将干的强酸型离子交换树脂用蒸馏水浸过夜或搅拌 2 h，使其充分溶胀，倾去细小颗粒，再用 4 倍体积的 2 mol/L 的 HCl 浸泡 1h（树脂换为氢型），倾去清液，洗至中性，再用 2 mol/L 的 NaOH 溶液做同样处理（树脂换为钠型），洗至中性待用。

2. 连接装置

梯度混合器→恒流泵→层析管→部分收集器。

3. 装柱

干净的烧杯内装入大约 20 mL 树脂和 10 mL 蒸馏水。将层析管用层析管架固定在铁架台上适当高度，一个同学一手执烧杯，另一手用玻璃棒快速在杯口搅动树脂，使树脂缓慢均匀的流入层析管。另一个同学控制洗瓶加水的速度以及水流出的速度。

注意：

（1）装柱过程不可中断，倒树脂要缓慢均匀。

（2）刚开始倒树脂时，水流出速度要控制到很小，同时可以适当多加点水。最后一段加水和放水都要慢，装柱过程中水面一定不能低于树脂，但也不能溢出。

4. 平衡

将层析管与恒流泵连接，从烧杯中吸取 pH 值为 5.8 钠离子强度为 0.45 的柠檬酸缓冲液平衡层析柱，流出液达床体积的四倍以上时，用 pH 试纸测试流出的液体的 pH 值，直到和缓冲液的 pH 值一样时（即试管内的 pH 和缓冲液一样）即可上样。在平衡同时进行调速。

调节恒流泵流速，定时收集流出液并测量流出液的体积，根据流出液体积与所需时间计算其流速，反复调整测量直到流速约为 1 mL/min。

5. 加样

平衡好后，停止加入缓冲溶液，待缓冲溶液弯月面靠近树脂顶端时，关闭下端开口。加入 0.5 mL 左右混合氨基酸溶液，待样品弯月面靠近树脂顶端时，立即用少量浓度为（0.45 mol/L）的柠檬酸缓冲溶液冲洗层析管内壁数次，再加入缓冲液 3～4cm 左右。加样时应避免冲破树脂表面，且避免将样品全部加在某一局限部位。

注意：平衡、加样、洗脱时都不能冲破树脂表面。

6. 洗脱并收集

将体积均 70 mL（建议适量多加）离子强度为 0.45 与 0.9 的两种缓冲溶液分别加入梯度混合器的两个烧杯中，其中 0.45 的加入直接输出溶液的那个池。

将层析管与恒流泵，恒流泵与梯度混合器连接。同时开始用部分收集器开始收集洗脱液，1.5 mL/管×50。

注意：设置首管为 1，若有 50 支管，建议末管号设置为 51。

7. 氨基酸的鉴定

向各管收集液中加 1.5 mL 水合茚三酮显色剂并混匀，在沸水浴锅中准确加热 15 min 后冷却至室温，再在加过显色剂的试管中加 1.5 mL 的 50%乙醇溶液，放置 10 min。以收集液第二管为空白，对加过显色剂和乙醇的试管进行光波吸收测定（测定 570 nm 波长的光吸收值）。以光吸收值为纵坐标，以洗脱体积为横坐标绘制洗脱曲线。

注意：

（1）试管太多，建议大家进行水浴时使用铝制试管架或 100 mL 烧杯水浴，使用橡皮筋绑试管时一捆不要太多，否则中间的管容易脱出摔裂。水浴锅内水面刚好没过试管架中层即可。水浴完成后用镊子和抹布把试管架拿出来。

（2）应避免用手直接接触茚三酮。

五、思考题

（1）为什么要使样品缓慢地进入层析柱的树脂？

（2）为什么要使用梯度缓冲液来洗脱？为什么 0.45 的缓冲液加入 A 池中？

（3）三次加入缓冲液的作用分别是什么？

（4）试设计利用离子交换剂分离一种含等电点分别为 4.0、6.0、7.5 和 9.0 的蛋白质混合液的方案，并简述理由。

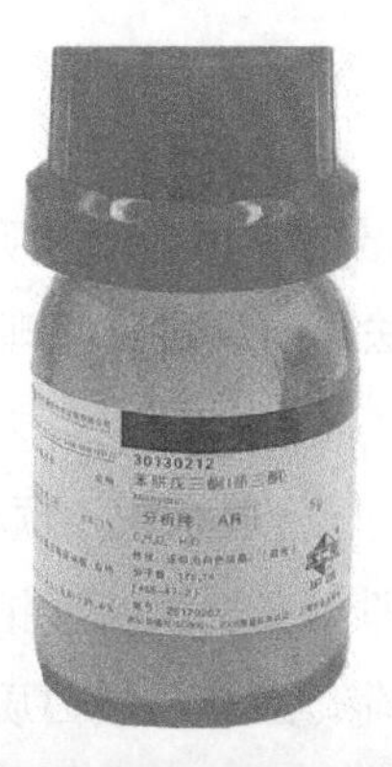

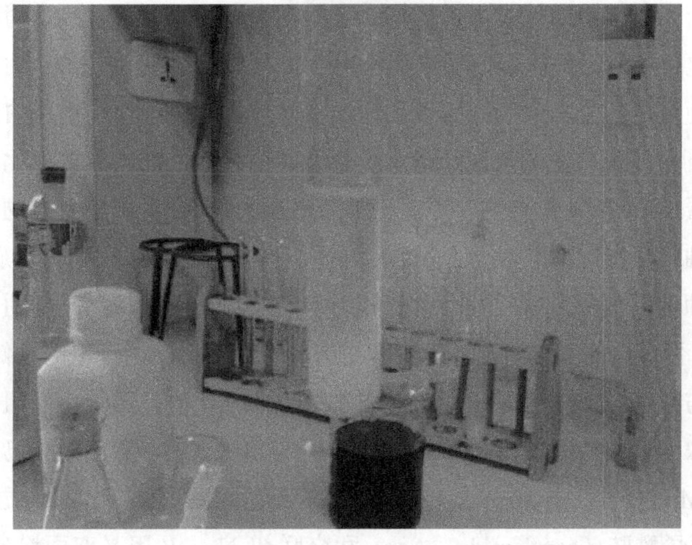

实验三十三　SDS-聚丙烯酰胺凝胶电泳法测定蛋白质的相对分子量

一、实验目的

（1）用 SDS-PAGE 法测定样品中蛋白质相对分子质量。

（2）熟悉操作过程，掌握实验方法，明确实验原理。

二、实验原理

电荷的数量、颗粒大小和形状有关。一般来说，颗粒所带静电荷的数量越多，颗粒越小，越接近球形，则泳动度越大。SDS，即十二烷基硫酸钠（sodium dodecyl sulfate），是一种阴离子去污剂。由于 SDS 带有大量负电荷，当其与蛋白质结合时，所带的负电荷大大超过了蛋白质原有的负电荷，能使不同种类蛋白质均带有相同密度的负电荷，因而消除或掩盖了不同种类蛋白质原有电荷的差异。在蛋白质溶解液中，加入 SDS 和巯基乙醇，由于巯基乙醇具有还原性，因此可使蛋白质分子中的二硫键还原，从而使具有四级结构的蛋白质分成单个亚基（subunit）；SDS 则可使蛋白质的氢键、疏水键打开，引起蛋白质构象的变化，形成近似雪茄形的长椭圆棒状蛋白质-SDS 复合物，不同种类蛋白质的蛋白质-SDS 复合物的短轴相同，约为 1.8 nm，而长轴则与蛋白质的 Mr 呈正比。这样，不同种类蛋白质的蛋白质-SDS 复合物在凝胶电泳中的泳动度不再受蛋白质原有电荷和形状的影响，而只与椭圆棒的长度，也就是蛋白质的 Mr 有关。蛋白质的 Mr 越大，迁移率越小。研究表明，在一定的条件下，蛋白质 Mr 的对数（lgMr）与其 R_f 呈负相关。在测定未知蛋白质的 Mr 时，可选用一组合适的标准蛋白以及适宜的凝胶浓度，与待测蛋白质样品同时进行 SDS-PAGE，然后根据已知 Mr 蛋白质的电泳迁移率与其 Mr 的对数（lgMr）作出标准曲线，最后根据未知 Mr 蛋白质的电泳迁移率求得其 Mr。单体丙烯酰胺（acrylamide，Acr）和交联剂 N，N′-甲叉双丙烯酰胺（methylene-bisacrylamide，Bis）在加速剂和催化剂的作用下可以聚合联结成具有三维网状结构的凝胶。常用的催化剂为过硫酸铵（AP），加速剂为四甲基乙二胺（TEMED）。

用途：亚基分子量测定、变性蛋白的分离。蛋白质纯化过程中的质量控制。

三、实验仪器、材料与试剂

1. 仪器

垂直板电泳槽；电泳仪；微量进液器等。

2. 实验材料

自提取或市售蛋白质（酶，含量在 2 mg/mL）样品 3 种（1、2、3 号）。

标准相对分子质量（中）的蛋白质：内含已知相对分子质量的 5 种蛋白（各占比例相当的情况下浓度在 1～2 mg/mL）。

3. 实验试剂

30%丙烯酰胺贮存液：称取丙烯酰胺 29.2 g，N，N′-甲叉双丙烯酰胺 0.8 g，加 dH_2O 至

100 mL。装于棕色瓶中，置4℃冰箱保存，30天内使用。丙烯酰胺和N，N′-甲叉双丙烯酰胺。以温热（利于溶解双丙烯酰胺）的去离子水配制含有29%（m/v）丙烯酰胺和1%（m/v）N，N′-甲叉双丙烯酰胺的贮存液，丙烯酰胺和双丙烯酰胺在贮存过程中缓慢转变为丙烯酸和双丙烯酸，这一脱氨基反应是光催化或碱催化的，故应核实溶液的pH值不超过7.0。这一溶液置棕色瓶中贮存于室温，每隔几个月须重新配制。

注意：丙烯酰胺和双丙烯酰胺具有很强的神经毒性并容易吸附于皮肤。

分离胶缓冲液：1.5 mol/L Tris-HCl缓冲液，pH值为8.8［18.15 g Tris（三羟甲基氨基甲烷），加约80 mL重蒸水，用1 mol/L HCl调pH值为8.8］，用重蒸水稀释至最终体积为100 mL，置4℃冰箱保存。

浓缩胶缓冲液：0.5 mol/L Tris-HCl缓冲液，pH值为 6.8。

6 g Tris，加约60 mL重蒸水，用1 mol/L HCl调pH值到6.8，用重蒸水稀释至最终体积为100 mL，4℃冰箱保存。

十二烷基硫酸钠（SDS）：SDS可用去离子水配成10%（m/v）贮存液保存于室温。

TEMED（N，N，N′，N′-四甲基乙二胺）：市售溶液。TEMED通过催化过硫酸铵形成自由基而加速丙烯酰胺与双丙烯酰胺的聚合。

10%（m/v）过硫酸铵（m/v）：提供驱动丙烯酰胺和双丙烯酰胺聚合所需的自由基。须新鲜配制。

Tris-甘氨酸电极缓冲液：0.025 mol/L Tris，0.192 mol/L甘氨酸，0.1% SDS，pH值为8.3。

2倍还原样品缓冲液（2×reducing buffer）：总体积10 mL。

0.5 mol/L Tris-HCl（pH值为6.8），2.5 mL；

甘油，2.0 mL；

10% SDS， 4.0 mL；

0.1%溴酚蓝，0.5 mL；

β-巯基乙醇，1.0 mL。

染色液：称取1 g考马斯亮蓝R250，溶于250 mL甲醇，再加入100 mL冰乙酸，用dH_2O定容至1000 mL。

脱色液：取250 mL甲醇、100 mL冰乙酸用dH_2O定容至1000 mL。

四、实验操作步骤

1. 凝胶模的准备

清洗干净，用纱布擦干。压好胶条，固定好。

2. 制备分离胶

每个胶版配制5 mL，根据标准相对分子量蛋白和待测蛋白样品在一小烧杯中配制一定浓度（设计）一定体积的分离胶（每板配制5 mL）。最后一切准备好后再加入AP。

3. 灌注分离胶

迅速在两玻璃板的间隙中灌注，留出灌注浓缩胶所需空间（梳子的齿长再加 0.5 cm）。再在胶液面上小心注入一层水（2～3 mm 高）。聚合约 30 min，倾出覆盖水层，再用滤纸条吸净残留水。

4. 制备 5%浓缩胶

每个胶板制备 2.5 mL。最后一切准备好后再加入 AP。

5. 灌注浓缩胶

在聚合的分离胶上直接灌注浓缩胶，立即在浓缩胶溶液中插入干净的梳子。小心避免混入气泡，将凝胶垂直放置于室温下。聚合约 30 min。

6. 小心移出梳子

去掉胶条，把凝胶板固定于电泳装置上，低面向内。

7. 内外槽各加入 Tris-甘氨酸电极缓冲液

必须设法排出凝胶底部两玻璃板之间的气泡。

8. 待测样品的处理

待测样品首先要测定蛋白质浓度（2 mg/mL），取一定量样品中按 1:1 体积比加入 2 倍还原样品缓冲液，在 100℃加热 3 min。样品处理集体处理，共用。

9. 上样

每板 10 个泳道，每组按预定设计的加样顺序上样，每人设计好上样量（从 3 种待测样品中选择 1 种），每个凝胶板留一个泳道上标准蛋白质。

10. 将电泳装置与电源相接，稳压 80 V，当染料前沿进入分离胶后，调到 120 V

继续电泳直至溴酚蓝到达分离胶底部上方约 1 cm，然后关闭电源。

11. 从电泳装置上卸下玻璃板，取下凝胶

用刮勺撬开玻璃板。小心取出凝胶。

12. 染色与脱色

凝胶进行染色 30 min，脱色期间更换数次脱色液，至背景清楚。脱色后，可将凝胶浸于水中，或长期封装在塑料袋内而不降低染色强度。为永久性记录，可对凝胶进行拍照，或将凝胶干燥成胶片。

五、实验结果与分析

（1）绘制标准曲线：用几种标准蛋白质相对分子量的对数作纵坐标，用各自的相对迁移率（R_f）作横坐标，绘出标准曲线。

（2）求未知蛋白相对分子量。

六、思考题

本实验都有哪些用途？实验过程中主要试剂的作用？

第四章　核酸相关测定、提取技术

核酸是以核苷酸为基本组成单位的生物大分子，携带和传递遗传信息。核酸分为脱氧核糖核酸（DNA）和核糖核酸（RNA）。脱氧核糖核酸（DNA）98%分布于细胞核，少量分布于线粒体中，携带遗传信息，决定细胞和个体的遗传型；核糖核酸（RNA）大约75%分布在细胞质，15%分布于线粒体、叶绿体，10%分布于细胞核，参与遗传信息的复制和表达，某些病毒RNA也可作为遗传信息的载体。DNA的基本组成单位是脱氧核糖核苷酸，RNA的基本组成单位是核糖核苷酸。

本章内容主要为核酸的相关实验，共9个实验。主要包括核酸的定量测定，RNA的提取和定量测定，动物肝脏中DNA的提取及测定，植物DNA的提取与测定，腺苷三磷酸的定量测定，以及质粒DNA的提取和DNA琼脂糖凝胶电泳。详细、充分地介绍了核酸各种提取及测定方法。

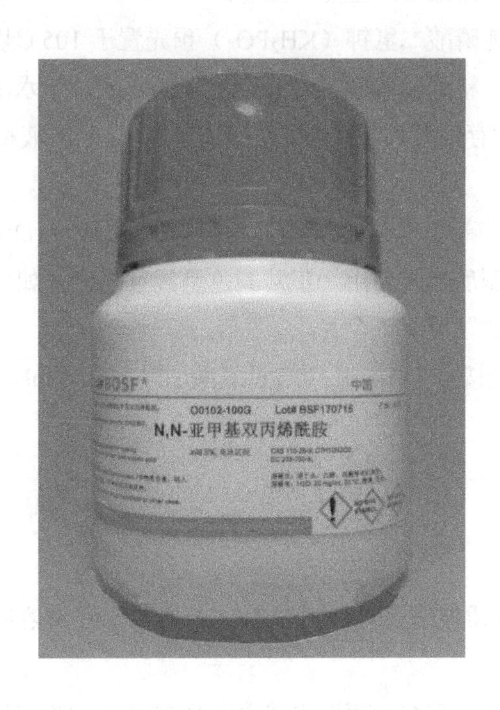

实验三十四　核酸的定量测定（一）：定磷法

一、实验目的

掌握定磷法测定核酸的含量。

二、实验原理

在酸性环境中，定磷试剂中的钼酸铵以钼酸形式与样品中的磷酸反应生成磷钼酸，当有还原剂存在时磷钼酸立即转变蓝色的还原产物—钼蓝。钼蓝最大的光吸收在 650～660 nm 波长处，当使用抗坏血酸为还原剂时，测定的最适范围为 1～10 μg 无机磷。

测定样品核酸总磷量，需先将它用硫酸或过氯酸消化成无机磷再行测定。总磷量减去未消化样品中测得的无机磷量，即得核酸含磷量，由此可以计算出核酸含量。

三、器材及试剂

1. 器材

分析天平，容量瓶，台式离心机，离心管，凯氏烧瓶，恒温水浴锅，200℃烘箱，硬质玻璃试管，吸量管，分光光度计。

2. 试剂

以下试剂均用分析纯，溶液要用重蒸水配制。

标准磷溶液：将分析纯磷酸二氢钾（KH_2PO_4）预先置于 105℃烘箱烘至恒重，然后放在干燥器内使温度降到室温。精确称取 0.2195 g（含磷 50 mg），用水溶解，定容至 50 mL（含磷量为 1 mg/mL），作为贮存液置冰箱中待用。测定时，取此溶液稀释 100 倍，使含磷量为 10 μg/mL。

定磷试剂：3 mol • L^{-1} 硫酸:水:2.5%钼酸铵: 10%抗坏血酸＝1:2:1:1（体积比），配制时按上述顺序加试剂。溶液配制后当天使用。正常颜色呈浅黄绿色，如呈棕黄色或深绿色不能使用，抗坏血酸溶液在冰箱放置可用 1 个月。

沉淀剂：称取 1 g 钼酸铵溶于 14 mL 70%过氯酸中，加 386 mL 水。

5 mol • L^{-1} 硫酸。

30%过氧化氢。

四、操作步骤

1. 标准曲线的绘制

取 12 支洗净烘干的硬质玻璃试管，按表 4-34-1 加入标准磷溶液、水及定磷试剂，平行做两份。

将试管内溶液立即摇匀，于 45℃恒温水浴内保温 25 min。取出冷却至室温，于 660 nm 波长处测定光密度，取两管平均值，以标准磷含量（μg）为横坐标，光密度为纵坐标，绘制标准曲线。

表 4-34-1

试剂＼管号	每组编号					
	1	2	3	4	5	6
标准磷酸溶液（10 μg/mL）	0.0	0.2	0.4	0.6	0.8	1.0
蒸馏水（mL）	3.0	2.8	2.6	2.4	2.2	2.0
定磷试剂（mL）	3.0	3.0	3.0	3.0	3.0	3.0
含磷量（μg）	0.0	2.0	4.0	6.0	8.0	10.0

注　共 12 支管，分两组，只列出一组。

2. 测总磷量

取 4 个微量凯氏烧瓶。1、2 号瓶内各加 0.5 mL 蒸馏水作为空白对照，3、4 号各加 0.5 mL 制备的 RNA 溶液（约 3 mg RNA），然后各加 1.0～1.5 mL 5 mol • L^{-1} 硫酸。将凯氏烧瓶置于烘箱内。于 140～160℃消化 2～4 h。待溶液呈黄褐色后，取出稍冷，加入 1～2 滴 30%过氧化氢（勿滴于瓶壁），继续消化，直至溶液透明为止。取出，冷却后加 0.5 mL 蒸馏水，于沸水浴锅中加热 10 min，以分解消化过程中形成的焦磷酸。然后将凯氏烧瓶中的内容物用蒸馏水定量地转移到 50 mL 容量瓶内，定容至刻度。

取 4 支硬质玻璃试管，分成两组，分别加入 1 mL 上述消化后定容的样品和空白溶液，根据前述方法进行定磷比色测定。测得的样品光密度减去空白光密度，并从标准曲线中查出磷的微克数，再乘以稀释倍数，即得每毫升样品中的总磷量。

3. 测无机磷量

取 4 支离心管，在 2 支中各加水 0.5 mL，另 2 支中各加 0.5 mL 制备的 RNA 溶液，然后向 4 支离心管中各加 0.5 mL 沉淀剂，摇匀。以 3500 rpm 离心 15 min，取 0.1 mL 上清液，加 2.9 mL 水和 3 mL 定磷试剂，同上法比色。由标准曲线查出无机磷的微克数，再乘以稀释倍数，即得每毫升样品中的无机磷量。

五、结果与讨论

1. 绘制标准曲线

2. 计算

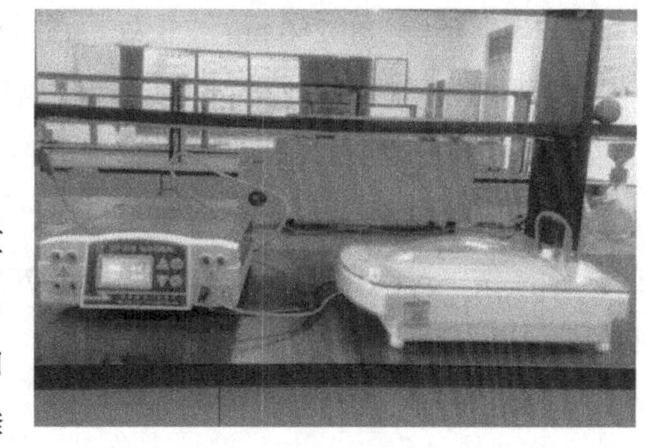

RNA 的含磷量为 9.5%，因此可以根据磷含量计算出核酸量，即 1 μg RNA 磷相当于 10.5 μg RNA。将测得的总磷量减去无机磷量，即 RNA 磷量。如样品中含有 DNA 时，RNA 磷量尚需减去 DNA 磷量，才得到 RNA 磷量。DNA 的含磷量平均为 9.9%。

实验三十五　核酸的定量测定（二）：紫外吸收法

一、实验原理

1. 结构基础

核酸及其衍生物，核苷酸、核苷、嘌呤和嘧啶有吸收UV的性质，其吸收高峰在260 nm波长处。核酸的摩尔消光系数（或称吸收系数）用来表示为每升溶液中含有1 g 原子核酸磷的光吸收值（即A值）。测得未知浓度核酸溶液的$A_{260\ nm}$值，即可以计算出其中RNA或DNA的含量。该法操作简便，迅速，并对被测样品无损，用量也少。

2. 计算方法

试液中DNA 或RNA总含量按如下所示计算：

$$\text{DNA}(\mu g)=\frac{甲_{A260}-乙_{A260}}{0.020}\times V_{总}\times D$$

$$\text{RNA}(\mu g)=\frac{甲_{A260}-乙_{A260}}{0.022}\times V_{总}\times D$$

式中　$甲_{A260}$——被测稀释液在260 nm处的总光密度值；

$乙_{A260}$——加沉淀剂除去大分子核酸后被测稀释液在260 nm处的光密度值，两者之差（$甲_{A260}-乙_{A260}$）为被测稀释液的光密度值；

$V_{总}$——被测试液总体积，mL；

D——样液的稀释倍数；

0.020——脱氧核糖核酸的比消光系数，即浓度为1 mg/L的DNA水溶液（pH为中性）在260 nm波长处，通过光径为1 cm时的光密度值；

0.022——核糖核酸的比消光系数，是浓度为1 mg/L的核糖核酸水溶液（pH为中性）在260 nm波长处，通过光径为1 cm时的光密度值。

由于大分子核酸易发生变性，此值也随变性程度不同而异，因此一般采用比消光系数计算得到的DNA或RNA量是一个近似值。

二、实验材料

钼酸铵－过氯酸沉淀剂：取3.6 mL 70%过氯酸和0.25 g钼酸铵溶于96.4 mL蒸馏水中，即成0.25%钼酸铵－2.5%过氯酸溶液。

样品：RNA或DNA干粉。

5%～6%氨水：用25%～30%氨水稀释5倍。

三、实验步骤

（1）准确称取待测核酸样品0.5 g，加少量0.01 mol/L NaOH调成糊状，再加适量水，用5%～6%氨水调至pH值为7.0，定容至50 mL。

（2）取 2 支离心管，甲管加入 2 mL 样品溶液和 2 mL 蒸馏水，乙管加入 2 mL 样品溶液和 2 mL 沉淀剂。混匀，在冰浴上放置 30 min。

（3）在 3000 r/min 下离心 10 min。从甲、乙两管中分别吸取 0.5 mL 上清液，用蒸馏水定容至 50 mL。选择厚度为 1 cm 的石英比色杯，在 260 nm 波长处测定 A 值。

（4）测定 $A_{280\ nm}$ 的值。求出 A_{260}/A_{280}，判断 RNA 的纯度。

蛋白质由于含有芳香氨基酸，因此也能吸收紫外光。通常蛋白质的吸收高峰在 280 nm 波长处，在 260 nm 处的吸收值仅为核酸的 1/10 或更低，故核酸样品中蛋白质含量较低时对核酸的紫外测定影响不大。RNA 的 260 nm 与 280 nm 吸收的比值在 2.0 以上；DNA 的 260 nm 与 280 nm 吸收的比值则在 1.9 左右。当样品中蛋白质含量较高时比值即下降。

四、实验说明

（1）紫外分光光度计使用前要预热。

（2）比色皿应成套使用，注意保护，不能拿在光面上。

（3）离心机使用前必须将离心管平衡、对称放置。调速必须从低到高，离心完等转子完全停下后，再打开盖子，然后将转速调到最低。

实验三十六 酵母 RNA 的提取

一、实验目的

（1）掌握稀碱法提取 RNA 的原理和方法。

（2）学习和了解其他提取 RNA 的方法和原理。

二、实验原理

一般的生物细胞中同时含有 DNA 和 RNA，在酵母中 RNA 比 DNA 的含量高得多，RNA 一般为 2.67%～10.0%，DNA 则少于 2%（0.03%～0.516%）。实验室常用酵母作为 RNA 提取的材料。若要制备具有生物活性的 RNA，可采用苯酚法、去污剂法和盐酸胍法等，最常用的是苯酚法提取 RNA；若对生物活性没有要求，则可使用浓盐法、稀碱法等。工业中的稀碱法或浓盐法主要是用于制备核苷酸的原料。

苯酚法：组织匀浆用苯酚处理并离心后，RNA 即溶于上层被酚饱和的水相中，DNA 和蛋白质则留在酚层中，向水层加入乙醇后，RNA 即以白色絮状沉淀析出。此法能较好地除去 DNA 和蛋白质。

浓盐法：在加热的条件下，利用高浓度的盐改变细胞膜的透性，使 RNA 释放出来，再利用等电点（pH 值为 2.0～2.5）沉淀。此法易掌握，产品颜色较好。盐浓度需要控制，太低，RNA 不易从细胞中释放出来，太高，细胞急剧收缩不利于抽提，一般 80～120 g/L 为宜。

稀碱法：利用细胞壁在稀碱条件下溶解，使 RNA 释放出来，这种方法提取时间短，但 RNA 在稀碱条件下不稳定，容易被碱分解。

本实验采用的稀碱，既可加速细胞的破裂，又可增大 RNA 的溶解度。当碱被中和后，可用乙醇（或者异丙醇）将 RNA 沉淀，或用等电点沉淀 RNA（应严格控制 pH，缓慢调）。此为 RNA 的粗品。

三、实验仪器

离心机，水浴锅，电炉，烧杯，量筒，移液管，玻璃棒，滤纸，漏斗，试剂瓶，电子天平，pH 试纸（pH 值为 1～14）。

四、实验试剂

干酵母粉；

0.2%NaOH 溶液：将 2 g NaOH 溶于蒸馏水并稀释至 1000 mL；

乙酸（A.R.）；

95%乙醇；

无水乙醚（A.R.）；

10%硫酸：将 10 mL 浓硫酸（比重 1.84）缓缓加入水中，稀释至 100 mL；

氨水（A.R.）；

5%硝酸银溶液：将 5 g 硝酸银溶于蒸馏水并稀释至 100 ml，贮于棕色瓶中。

五、实验操作

1. RNA 的提取

称取 5 g 干酵母粉置于 150 mL 三角烧瓶中，加 25 mL 0.2%的 NaOH，在沸水浴锅中搅拌提取 20 min。冷却后滴加乙酸使其略偏酸性，pH 值为 5～6，目的是去除蛋白质。

离心（4000 r/min，13 min），去除沉淀。上清液冰浴。

向上清液中加入 20 mL（约上清液的 2 倍体积）95%乙醇，稍搅拌后静置（冰浴约 10 min）。待完全沉淀后离心（4000 r/min，15 min），弃上清液。

沉淀用 95%乙醇洗两次（如沉淀浮起需再次离心），每次约 10 mL；用乙醚洗两次，每次 10 mL，目的是去除脂溶性物质和水。乙醚的沸点比乙醇的低，所以最后加乙醚有利于沉淀的干燥。

2. RNA 的鉴定

取沉淀约 1 g，加 10 mL 10%硫酸，然后置于沸水浴锅中加热 30 min。

嘌呤碱的鉴定：取水解液 2 mL，加入 2 mL 浓氨水，然后加入约 1 mL 5%硝酸银溶液，观察有无嘌呤碱的银化合物沉淀。（慢慢加入嘌呤碱时，沉淀上浮，摇匀，沉淀下沉）。

核糖的鉴定：取 1 支试管加入 0.5 mL 水解液 、1 mL 苔黑酚三氯化铁浓盐酸溶液，放于沸水浴锅中 2 min。注意观察溶液是否变成绿色，说明核糖是否存在。时间久了会有黑色沉淀，是浓度高，产物结晶出来了。

六、注意事项

避开磷酸二酯酶和磷酸单酯酶作用的温度范围 20～70℃，防止 RNA 降解。在 90～100℃条件下加热可使蛋白质变性，破坏磷酸二酯酶和磷酸单酯酶，有利于 RNA 的提取。

在调 pH 时，一定要缓慢小心，且要在低温下进行。

在洗涤时，要用乙醇洗涤，且不可用水洗，否则将导致 RNA 部分溶解而造成损失，降低 RNA 提取率。

提取 RNA 时必须用沸水浴，并经常搅拌。NaOH 必须实现预热。

用乙酸调 pH 值为 5～6，这个过程必须有，可以除去一些杂质。

最后过滤前必须将乙醇沥干，不能带水，否则 RNA 会粘在滤纸上，无法取下。也可以采用离心的方法。

所得 RNA 粗品应是浅黄色粉末状。

七、实验结果

记录实验过程中的现象。

八、讨论题

1. 用稀碱法提取酵母 RNA 过程中需注意什么？

2. 鉴定 RNA 的原理是什么？

实验三十七　RNA 的定量测定：苔黑酚法

一、实验目的

1．学习 RNA 定量测定方法。

2．熟练 722 型分光光度计的使用方法。

二、实验原理

当 RNA 水解后产生的核糖与浓盐酸作用生成醛糖，后者再与 3，5-二羟基甲苯作用产生绿色化合物。此绿色化合物在 670 nm 波长处有最大光吸收，且光吸收值与浓度呈正比。

$$\text{核糖}+\text{浓盐酸}+\underset{\text{HO}\qquad\text{OH}}{\overset{CH_3}{\bigcirc}}\xrightarrow[Fe^{3+}]{100℃}\text{绿色化合物}$$

三、实验试剂

苔黑酚（3，5-二羟基甲苯）溶液：配成 2 mg/mL 的乙醇（95%）溶液。

$FeCl_3$ 浓盐酸溶液：0.2 g $FeCl_3$ 溶于 400 mL 浓盐酸中。

RNA 标准溶液：配成 0.523 mg/mL RNA 溶液。

四、实验步骤

1．标准曲线的制作（见表 4-37-1）

（1）取 12 支干净烘干试管，按表 4-37-1 编号并加入试剂。平等分为两份。

表 4-37-1

	0	1	2	3	4	5
RNA 标准溶液/mL	0	0.2	0.4	0.6	0.8	1.0
蒸馏水/mL	1.2	1.0	0.8	0.6	0.4	0.2
$FeCl_3$ 浓盐酸溶液/mL	2.0	2.0	2.0	2.0	2.0	2.0
苔黑酚/mL	0.2	0.2	0.2	0.2	0.2	0.2
取出冷却后 670 nm 比色测定						

（2）沸水浴加热 15 min；

（3）用蒸馏水定容至 10 mL；

（4）测定光密度；

（5）记录每个样品的光密度值。

2．样品的测定

取 2 支试管，按照表 4-37-2 加入试剂。如前述进行测定。

表 4-37-2

RNA 样品水解液	样品管		空白管
	1	2	
样品的测定	0.5 mL	0.5 mL	
蒸馏水	0.7 mL	0.7 mL	1.2 mL
$FeCl_3$ 浓盐酸溶液	2 mL	2 mL	2 mL
苔黑酚	0.2 mL	0.2 mL	0.2 mL
$OD_{670\ nm}$	A_1	A_2	A_3

五、计算

理论上：

$$\frac{A_{标}}{A_{样}}=\frac{C_{标}}{C_{测}}$$

酵母样品中 RNA 的总质量：

$$m_{样}=\frac{查标准曲线得核糖的质量\times100}{测定时用的样品体积}$$

每克酵母中含有 RNA 的质量（单位：mg/g）为

$$m_{RNA}\frac{m_{样}}{酵母样品的质量}$$

六、思考题

本方法的原理是什么？注意事项有哪些？

实验三十八　动物肝脏中 DNA 的提取

一、实验目的

学习和掌握用浓盐法从动物组织中提取 DNA 的原理与技术。

二、实验原理

核酸和蛋白质在生物体中常以核蛋白（DNP/RNP）的形式存在。其中 DNP 能溶于水及高浓度盐溶液，但在 0.14 M 的盐溶液中溶解度很低，而 RNP 则可溶于低盐溶液，因此可利用不同浓度的 NaCl 溶液将其从样品中分别抽提出来。将抽提得到的 DNP 用 SDS 处理，可将其分离成 DNA 和蛋白质。用氯仿—异戊醇将蛋白质沉淀除去可得 DNA 上清液，加入冷乙醇即可将其呈纤维状析出。DNA 遇二苯胺（沸水浴）会生成蓝色物质，因此可用二苯胺鉴定 DNA。

三、实验仪器和材料

1. 实验仪器

量筒，离心机，离心管，移液枪，恒温水浴锅，研钵，电子天平。

2. 实验试剂和材料

新鲜猪肝；

0.1 mol/L NaCl—0.05 mol/L 柠檬酸钠溶液；

95%乙醇；

NaCl 固体；

5%SDS 溶液；

$V_{氯仿}:V_{异戊醇}$为 20:1 的混合液。

四、实验步骤

（1）称取 2.2 g 猪肝，加入 2 倍于猪肝重量的 0.1 mol/L NaCl—0.05 mol/L 柠檬酸钠缓冲液并用碾砵磨碎；将匀浆倒入 2 支 10 mL 离心管中，在 4000 r/min 下离心 10 min；往沉淀中再加入 8 mL 缓冲液，于 4000 r/min 离心 5 min；弃上清液，取沉淀。

（2）往沉淀中加入柠檬酸钠缓冲液至 10 mL，摇匀后将溶液平均分装到 2 个 10 mL 离心管中。每个管分别加入 2.5 mL 氯仿—异戊醇混合液、0.5 mL SDS，振荡 30 min；然后缓慢分别加入固体 NaCl 0.45 g，使其最终浓度为 1 mol/L；在 4000 r/min 离心 5 min，用移液枪取上清水相，记录体积。

（3）在上述水相溶液中加入等体积的冷 95%乙醇，边加边用玻璃棒慢慢朝一个方向搅动，将缠绕在玻璃棒上的凝胶状物用滤纸吸去多余的乙醇，即得 DNA 粗品。取 1 mL 溶液至试管中，加入等量二苯胺溶液进行 DNA 鉴定，观察颜色变化。

五、实验结果

1. 数据记录

称取猪肝 2.2 g，DNA 液体积 7.8 mL。

2. 实验现象

离心后分为三层。

滴加冷乙醇时，溶液出现白色悬浮物，用玻璃棒搅拌后，棒上出现白色絮状物（DNA）。

加入二苯胺后，DNA 溶液呈现蓝色。

六、思考题

实验中的乙醇、SDS、氯仿—异戊醇、NaCl、柠檬酸分别起什么作用？

实验三十九　植物 DNA 的提取与测定

一、实验目的

本实验目的是学习从植物材料中提取和测定 DNA 的原理和方法，进一步了解 DNA 的性质。

二、实验原理

细胞中的 DNA 绝大多数以 DNA-蛋白复合物（DNP）的形式存在于细胞核内。提取 DNA 时，一般先破碎细胞释放出 DNP，再用含少量异戊醇的氯仿除去蛋白质，最后用乙醇把 DNA 从抽提液中沉淀出来。DNP 与核糖核蛋白（RNP）在不同浓度的电解质溶液中溶解度差别很大，利用这一特性可将二者分离。以 NaCl 溶液为例：RNP 在 0.14 mol/L NaCl 中溶解度很大，而 DNP 在其中的溶解度仅为纯水中的 1%。当 NaCl 浓度逐渐增大时，RNP 的溶解度变化不大，而 DNP 的溶解则随之不断增加。当 NaCl 浓度大于 1 mol/L 时，DNP 的溶解度最大，为纯水中溶解度的 2 倍，因此通常可用 1.4 mol/L NaCl 提取 DNA。为了得到纯的 DNA 制品，可用适量的 RNase 处理提取液，以降解 DNA 中掺杂的 RNA。

植物总 DNA 的提取主要有以下两种方法：

（1）CTAB 法：

CTAB（十六烷基三甲基溴化铵，hexadecyl trimethyl ammonium bromide）：一种阳离子去污剂，可溶解细胞膜。它能与核酸形成复合物，在高盐溶液中（0.7 mol/L NaCl）是可溶的。当降低溶液盐的浓度到一定程度（0.3 mol/L NaCl）时，从溶液中沉淀，通过离心就可将 CTAB 与核酸的复合物同蛋白、多糖类物质分开，然后将 CTAB 与核酸的复合物沉淀溶解于高盐溶液中，再加入乙醇使核酸沉淀。注：CTAB 能溶解于乙醇中。

（2）SDS 法：

利用高浓度的阴离子去垢剂 SDS（sodium dodecyl sulfate，十二烷基硫酸钠）使 DNA 与蛋白质分离，在高温（55～65℃）条件下裂解细胞，使染色体离析，蛋白变性，释放出核酸；然后采用提高盐浓度及降低温度的方法使蛋白质及多糖杂质沉淀，离心后除去沉淀，上清液中的 DNA 用酚/氯仿抽提，反复抽提后用乙醇沉淀水相中的 DNA。

一般生物体的基因组 DNA 为 107～109 bp，在基因克隆工作中，通常要求制备的大分子 DNA 的分子量为克隆片段长度的 4 倍以上，否则会由于制备过程中随机断裂的末端多为平末端，导致酶切后有效末端太少，可用于克隆的比例太低，严重影响克隆工作。因此有效制备大分子 DNA 的方法必须考虑以下两个原则。

（1）尽量去除蛋白质、RNA、次生代谢物质（如多酚、类黄酮等）、多糖等杂质，并防止和抑制内源 DNase 对 DNA 的降解。

（2）尽量减少对溶液中 DNA 的机械剪切破坏。

几乎所有的 DNase 都需要 Mg^{2+}或 Mn^{2+}为辅因子，故实现（1）尽量去除蛋白质的要求，需加入一定浓度的螯合剂，如 EDTA、柠檬酸，而且整个提取过程应在较低温度下进行（一般利用液氮或冰浴）。为实现（2）需要在 DNA 处于溶解状态时，尽量减弱溶液的涡旋，而且动作要轻柔，在进行 DNA 溶液转移时用大口（或剪口）吸管。

提取的 DNA 是否为纯净、双链、高分子的化合物，一般要通过紫外吸收、化学测定、“熔点”（melting temperature，Tm）测定、电镜观察及电泳分离等方法鉴定。本实验采用 CTAB 法提取 DNA 并通过紫外吸收法鉴定。

三、实验材料、主要仪器和试剂

1. 实验材料

新鲜菠菜幼嫩组织，花椰菜花冠或小麦黄化苗等。

2. 主要仪器

高速冷冻离心机，751 型分光光度计，恒温水浴，液氮或冰浴设备，磨口锥形瓶。

3. 试剂（CTAB 法）

（1）CTAB 提取缓冲液：100 mmol/L Tris-HCl（pH 值为 8.0），20 mmol/L EDTA-Na_2，1.4 mol/L NaCl（见表 4-39-1），2% CTAB，使用前加入 0.1%（体积比）的β-巯基乙醇。

表 4-39-1　CTAB 提取缓冲液配制

试剂名称	M.W.	配制 1000 mL	配制 500 mL
Tris	121.14	12.114 g	6.057 g
EDTA-Na_2	372.24	7.4448 g	3.7224 g
Nacl	58.44	81.816 g	40.908 g

（2）TE 缓冲液：10 mmol/L Tris-HCl，1 mmol/L EDTA（ pH 值为 8.0）。

（3）DNase-free RNase A：溶解 RNase A 于 TE 缓冲液中，浓度为 10 mg/mL，煮沸 10～30 min，除去 DNase 活性，－20℃贮存（DNase 为 DNA 酶，RNase 为 RNA 酶）。

（4）氯仿—异戊醇混合液（24:1，体积比）：240 mL 氯仿（A. R.）加 10 mL 异戊醇（A.R.）混匀。

（5）3 mol/L 乙酸钠（NaAc，pH 值为 6.8）：称取 NaAc • $3H_2O$ 81.62 g，用蒸馏水溶解，配制成 200 mL，用 HAc 调 pH 值至 6.5。

（6）无水乙醇、TE 缓冲液、Tris-HCl 液（pH 值为 8.0）、NaAc 溶液均需要高压灭菌。

四、操作步骤

1. DNA 抽提

称取 2～5 g 新鲜菠菜幼嫩组织或小麦、黄花苗等植物材料，用自来水、蒸馏水先后冲洗叶面，再用滤纸吸干水分备用。叶片称重后剪成 1 cm 长，置于研钵中，经液氮冷冻后研磨成粉末。待液氮蒸发完后，加入 15 mL 预热（60～65℃）的 CTAB 提取缓冲液，转入一个磨口锥形瓶中，置于65℃水浴保温0.5～1 h，不时地轻轻摇动混匀。

加等体积的氯仿—异戊醇（24:1），盖上瓶塞，温和摇动，使成乳状液。

将锥形瓶中的液体转移到离心管中，在室温下4000 r/min离心5 min，静置。离心管中出现3层，小心地吸取含有核酸的上清液到另一干净的离心管中（注意吸取上清液时不能吸入界面物质），弃去中间层的细胞碎片和变性蛋白以及下层的氯仿。

根据需要，上清液可用氯仿—异戊醇反复提取多次。

在抽提后的上清液中加入1/10体积的3 mol/L NaAc（pH值为6.8）和2倍体积的95%乙醇，混匀，室温放置5 min，以10000 r/min离心5 min，倾去乙醇液，将离心管倒置于吸水纸上，吸干液体。

加入1 mL 70%乙醇洗涤DNA沉淀，弃上清液，在空气中或用电吹冷风使DNA沉淀干燥。

用适量含RNaseA酶（20 μg/mL）的TE溶解DNA。

2. DNA含量及纯度测定

吸取5 μL DNA样品，加水至1 mL，混匀后转入石英比色杯中。

分光光度计需先用1 mL蒸馏水校正零点。

在260 nm紫外光波长下读出光密度值，代入下式计算DNA的含量。

测OD_{260}/OD_{280}值，DNA纯品的OD_{260}/OD_{280}值为1.8。如果OD_{260}/OD_{280}值大于1.8，说明存在RNA，可以考虑用RNA酶处理样品；小于1.6，说明样品中存在蛋白质，应再用酚/氯仿抽提以及氯仿单独抽提，然后用乙醇沉淀纯化DNA。

五、结果计算

$$\text{DNA浓度}\left(\frac{\mu g}{mL}\right)=\frac{OD_{260}}{0.02\times L}\times\text{稀释倍数}$$

式中 OD_{260}——260 nm波长处的光密度；

L——比色杯光径，cm；

0.02——1 μg/mL DNA钠盐的光密度。

六、思考题

1. 制备的DNA在什么溶液中较稳定？

2. 为了保证植物DNA的完整性，在吸取样品、抽提过程中应注意什么？

实验四十　腺苷三磷酸的定量测定：纸电泳法

一、实验目的

掌握纸电泳法分析腺苷三磷酸的原理和方法。

二、实验内容

1. 样液的制备

用称量瓶称取样品（可用腺苷三磷酸粗品或药用结晶品）100.0 mg，用 3～4 mL 蒸馏水溶解，小心倒入 10 mL 容量瓶中，再加 1～2 mL 蒸馏水洗称量瓶 2 次，一并倒入容量瓶，最后用蒸馏水稀释至刻度，混匀。此溶液每毫升含样品 10 mg。

2. 点样

取 3 era×30 era 滤纸 3 条，距滤纸一端约 7 cm 处，用铅笔轻轻画一条基线。用点样管吸取样液 10 μL，将样液轻轻点在滤纸基线上，用冷风吹干（三条滤纸做三个重复测定）。在另一张同样大小的滤纸条上，按同样方法点标准腺苷三磷酸溶液，做标准试验。

3. 电泳

电泳槽两端贮液槽内都注以 pH 值为 4.8 的柠檬酸缓冲液。将上述滤纸条的两端用柠檬酸缓冲液浸湿后（注意：点样处勿浸入缓冲液中!），将滤纸放在电泳槽中，点样端置负极，另一端在正极。盖好电泳槽盖子，等滤纸条完全被缓冲液渗湿后，接通电源，调节电压至 400 V，30 min 后切断电源，取出滤纸条，挂在架上，置于 50℃烘箱烘干，或用电吹风吹干。

将烘干的滤纸条置于紫外灯上观察，并用铅笔将斑点标出。根据标准试验腺苷三磷酸斑点的位置，决定另三条滤纸上哪一个斑点是腺苷三磷酸。

4. 洗脱

取 4 支清洁干燥的小试管，标以 0、1、2、3 号码。将三条滤纸上的腺苷三磷酸斑点剪下，再剪成宽约 1 mm 的细条，分别放在 1、2、3 号管内。另在无斑点处剪一条和腺苷三磷酸斑点大小相仿的滤纸，也剪成细条，放在 0 号管内，做空白试验。

往上述 4 支试管内各加 5.0 mL 0.01 mol/L HCl 溶液浸提滤纸条，将腺苷三磷酸洗脱浸提 2 h，浸提期间经常摇动试管。

5. 测定

将试管内浸提液分别倒入 4 只石英比色杯，以 0 号管的浸提液调零（$A=0$），测定 1、2、3 号管浸提液 A_{260}，计算样品中腺苷三磷酸的质量分数。

实验四十一 质粒 DNA 的提取

一、实验目的

通过本实验的学习，掌握碱裂解法提取质粒。

二、实验原理

质粒（Plasmid）是独立于染色体外的，能自主复制且稳定遗传的遗传因子。它是一种环状的双链 DNA 分子，存在于细菌、放线菌、真菌以及一些动植物细胞中，在细菌细胞中最多。

本实验利用 SDS 碱裂解法提取质粒 DNA。将细菌悬浮液暴露于高 pH 的强阴离子洗涤剂中，会使细胞壁破裂，染色体 DNA 和蛋白质变性，将质粒 DNA 释放到上清液中。在裂解过程中，细菌蛋白质、破裂的细胞壁和变性的染色体 DNA 会相互缠绕成大型复合物，后者被 SDS（十二烷基硫酸钠）包盖。当用 K^+取代 Na^+时，这些复合物会从溶液中有效地沉淀下来。离心除去变性剂后，就可以从上清液中回收复性的质粒 DNA。

三、实验材料与试剂

1. 实验材料大肠杆菌（含有携带插入片段的质粒 PMD-18T）

2. 实验试剂

（1）溶液Ⅰ：25 mmol/L Tris HCl（pH 值为 8.0），10 mmo1/L EDTA（pH 值为 8.0），50 mmol/L 葡萄糖。

（2）溶液Ⅱ（新鲜配制）：0.2 mol/L NaOH，1% SDS。

（3）溶液Ⅲ（100 mn1）：5 mol/L 乙酸钾 60 mL，冰乙酸 11.5 mL（pH 值为 8.0），水 285 mL。

（4）氯仿—异戊醇（24:1）。

（5）异丙醇、70%乙醇。

四、实验步骤

（1）挑转化后的单菌落（含 PMD-18T 质粒），接种到 20 mL 含有适当抗生素（Amp）的丰富培养基中（LB 培养液），于 37℃剧烈振摇下培养过夜。

（2）将 1.5 mL 的培养物倒入 15 mL EP 管中，于 4℃以 12000 rpm 离心 1 min。

（3）离心结束，弃去上层培养液，再向离心管中加入 1.5 mL 的培养物，于 4℃以 12000 rpm 离心 1 min。

（4）弃去上层培养液，使细菌沉淀尽可能干燥。

（5）将细菌沉淀重悬于 100 μL 冰预冷的溶液Ⅰ中，用移液管吸头吹打沉淀至完全混匀（无块状悬浮）。

（6）在每管细菌悬液中加 200 μL 新配制的溶液Ⅱ，盖紧管口，快速颠倒离心管 5 次以混合内容物。注意动作一定要轻柔缓和，切勿振荡。将离心管放置于冰上（2 min）。

（7）加 150 μL 用冰预冷的溶液Ⅱ，盖紧管口，反复颠倒数次，使溶液Ⅰ在黏稠的细菌裂解物中分散均匀，然后将管置于冰上 3～5 min。

（8）于 4℃以 12000 rpm 离心 5 min，将上清液（400 μL）转移到另一离心管中。

（9）加等体积的氯仿—异戊醇（24:1），振荡混匀。

（10）加 2/3 体积的异丙醇沉淀质粒 DNA，振荡混匀，于冰上放置 15 min。

（11）于 4℃以 12000 rpm 离心 5 min。小心吸去上清液，将离心管倒置于纸巾上，以使所有液体流出。再将附于管壁的液滴除尽。

（12）加 1 mL 70%乙醇溶液洗涤沉淀，振荡混匀。于 4℃ 12000 rpm 离心 5 min，弃上清液，在空气中使 DNA 沉淀干燥（5～10 min）。

（13）用 20 μL 灭菌的蒸馏水溶解 DNA，加 1 μL 胰核糖核酸酶 37℃消化 RNA 30 min。

（14）用 1%的琼脂糖凝胶电泳检测质粒的提取状况。

五、思考题

在提取质粒过程中溶液Ⅰ、Ⅱ、Ⅲ的作用是什么？

实验四十二 DNA 琼脂糖凝胶电泳

一、实验目的

琼脂糖凝胶电泳是常用的检测核酸的方法。本实验目的是学习 DNA 琼脂糖凝胶电泳的使用技术，掌握有关技术知识以及读电泳图谱的方法。

二、实验原理

琼脂糖凝胶电泳是常用的用于分离和鉴定 DNA、RNA 分子混合物的方法。这种电泳方法以琼脂凝胶作为支持物，利用 DNA 分子在泳动时的电荷效应和分子筛效应，达到分离混合物的目的。DNA 分子在高于其等电点的溶液中带负电，在电场中向阳极移动。在一定的电场强度下，DNA 分子的迁移速度取决于分子筛效应，即分子本身的大小和构型是主要的影响因素。DNA 分子的迁移速度与其相对分子量呈反比。不同构型的 DNA 分子的迁移速度不同。如环形 DNA 分子样品，其中有三种构型的分子：共价闭合环状的超螺旋分子（cccDNA）、开环分子（ocDNA）、和线形 DNA 分子（lDNA）。这三种不同构型的分子进行电泳时的迁移速度大小顺序为：cccDNA＞lDNA＞ocDNA。

核酸分子是两性解离分子。pH 值为 3.5 时，碱基上的氨基解离，而三个磷酸基团中只有一个磷酸解离，所以分子带正电，在电场中向负极泳动；而 pH 值为 8.0～8.3 时，碱基几乎不解离，而磷酸基团解离，所以核酸分子带负电，在电场中向正极泳动。不同的核酸分子的电荷密度大致相同，因此对泳动速度影响不大。在中性或碱性时，单链 DNA 与等长的双链 DNA 的泳动率大致相同。

影响核酸分子泳动率的因素主要是：

1. 样品的物理性状

物理性状，即分子的大小、电荷数、颗粒形状和空间构型。一般而言，电荷密度越大，泳动率越大。但是不同核酸分子的电荷密度大致相同，所以对泳动率的影响不明显。

对线形分子来说，分子量的常用对数与泳动率呈反比，用此标准样品电泳并测定其泳动率，然后根据 DNA 分子长度（bp）的负对数——泳动距离作标准曲线图，可用于测定未知分子的长度大小。

DNA 分子的空间构型对泳动率的影响很大。比如质粒分子，泳动率的大小顺序为：cDNA＞lDNA＞ocDNA，但是由于琼脂糖浓度、电场强度、离子强度和溴化乙啶等的影响，会出现相反的情况。

2. 支持物介质

核酸电泳通常使用琼脂糖凝胶和聚丙烯酰胺凝胶两种介质。琼脂糖是一种聚合链线性分子，含有不同浓度的琼脂糖的凝胶构成的分子筛的网孔大小不同，适于分离不同浓度范围的核酸分子。聚丙烯酰胺凝胶由丙烯酰胺（Acr）在 N，N，N′-四甲基乙四胺（TEMED）和过硫酸铵（AP）的催化下聚合形成长链，并通过交联剂 N，N′-亚甲双丙烯酰胺（Bis）交叉连接而成，其网孔的大小由 Acr 与 Bis 的相对比例决定。

琼脂糖凝胶适合分离长度 60～100 的分子，而聚丙烯酰胺凝胶对于小片段（5～500 bp）的分离效果最好。选择不同浓度的凝胶，可以分离不同大小范围的 DNA 分子。

3. 电场强度

电场强度越大，带点颗粒的泳动越快。但凝胶的有效分离范围随着电压增大而减小，所以电泳时一般采用低电压，不超过 4 V/cm。而对于大片段电泳，甚至用 0.5～1.0 V/cm 电泳过夜。进行高压电泳时，只能使用聚丙烯酰胺凝胶。

4. 缓冲液离子强度

核酸电泳常采用 TAE、TBE、TPE 三种缓冲系统，但它们各有利弊。TAE 价格低廉，但缓冲能力低，必须进行两极缓冲液的循环。TPE 在进行 DNA 回收时，会使 DNA 污染磷酸盐，影响后续反应。所以多采用 TBE 缓冲液。

在缓冲液中加入 EDTA，可以螯合二价离子，抑制 DNase，保护 DNA。缓冲液 pH 常偏碱性或中性，此时核酸分子带负电，向正极移动。

核酸电泳中常用的染色剂是溴化乙啶（ethidium bromide，EB）。溴化乙啶是一种扁平分子，可以嵌入核酸双链的配对碱基之间。在紫外线照射 BE-DNA 复合物时，出现不同的效应。在 254 nm 波长的紫外线照射时，灵敏度最高，但对 DNA 损伤严重；在 360 nm 波长紫外线照射时，虽然灵敏度较低，但对 DNA 损伤小，所以适合对 DNA 样品的观察和回收等操作。在 300 nm 波长紫外线照射时，灵敏度较高，且对 DNA 损伤不是很大，所以也比较适用。

使用溴化乙啶对 DNA 样品进行染色，可以在凝胶中加入终浓度为 0.5 μg/mL 的 EB。EB 掺入 DNA 分子中，可以在电泳过程中随时观察核酸的迁移情况。但是如果要测定核酸分子大小时，不宜使用以上方法，而是应该在电泳结束后，把凝胶浸泡在含 0.5 μg/mL EB 的溶液中 10～30 min 进行染色。BE 见光分解，应在避光条件下 4℃保存。

三、材料、试剂及器具

1. 材料

DNA/HindIII Marker（分子量标准），质粒提取物，酶切产物，连接产物。

2. 试剂

加样缓冲液（6×）：0.25% 溴酚蓝，40%蔗糖，琼脂糖，溴化乙啶（EB），酶液（10 mg/mL）。

3. 器具

电泳系统：电泳仪、水平电泳槽、制胶板等。

紫外透射仪。

四、操作步骤

（1）按所分离的 DNA 分子的大小范围，称取适量的琼脂糖粉末，放到一锥形瓶中，加入适量的 0.5×TBE 电泳缓冲液。然后置微波炉加热至完全溶化，溶液透明。稍摇匀，得胶液。冷却至 60℃左右，在胶液内加入适量的溴化乙啶至浓度为 0.5 μg/mL。

（2）取有机玻璃制胶板槽，用透明胶带沿胶槽四周封严，并滴加少量的胶液封好胶带与胶槽之间的缝隙。

（3）水平放置胶槽，在一端插好梳子，在槽内缓慢倒入已冷至 60℃左右的胶液，使之形成均匀水平的胶面。

（4）待胶凝固后，小心拔起梳子，撕下透明胶带，使加样孔端置阴极段放进电泳槽内。

（5）在槽内加入 0.5×TBE 电泳缓冲液，至液面覆盖过胶面。

（6）把待检测的样品，按以下量在洁净载玻片上小心混匀，用移液枪加至凝胶的加样孔中。1 μL 加样缓冲液（6×）+5 μL 待测 DNA 样品+0.5 μL EB 液（10 mg/mL）（注：若胶内未加 EB，可选用此法）。

（7）接通电泳仪和电泳槽，并接通电源，调节稳压输出，电压最高不超过 5 V/cm，开始电泳。点样端放阴极端。根据经验调节电压使分带清晰。

（8）观察溴酚蓝的带（蓝色）的移动。当其移动至距胶板前沿约 1 cm 处，可停止电泳。

（9）染色：把胶槽取出，小心滑出胶块，水平放置于一张保鲜膜或其他支持物上，放进 EB 溶液中进行染色，完全浸泡约 30 min。

（10）在紫外透视仪的样品台上重新铺上一张保鲜膜，赶去气泡铺平，然后把已染色的凝胶放在上面。关上样品室外门，打开紫外灯（360 nm 或 254 nm），通过观察孔进行观察。

五、注意事项

（1）电泳中使用的溴化乙啶（EB）为中度毒性、强致癌性物质，务必小心，勿沾染于衣物、皮肤、眼睛、口鼻等。所有操作均只能在专门的电泳区域操作，戴一次性手套，并及时更换。

（2）预先加入 EB 时可能使 DNA 的泳动速度下降 15%左右，而且对不同构型的 DNA 的影响程度不同。所以为取得较真实的电泳结果可以在电泳结束后再用 0.5 μg/mL 的 EB 溶液浸泡染色。若胶内或样品内已加 EB，染色步骤可省略；若凝胶放置一段时间后才观察，即使原来胶内或样品已加 EB，也建议增加此步。

（3）加样进胶时不要形成气泡，需在凝胶液未凝固之前及时清除，否则需重新制胶。

（4）以 0.5×TBE 作为电泳缓冲液时，溴酚蓝在 0.5%～1.4%的琼脂糖凝胶中的泳动速度大约相当于 300 bp 的线性 DNA 的泳动速度，而二甲苯青的泳动速度相当于 4 kb 的双链线性 DNA 的泳动速度。

第五章　酶的实验及相关技术

酶是由生物体内活细胞产生的一种生物催化剂，大多数由蛋白质组成（少数为 RNA），能在机体中十分温和的条件下，高效率地催化各种生物化学反应，促进生物体的新陈代谢。生命活动中的消化、吸收、呼吸、运动和生殖都是酶促反应过程。酶是细胞赖以生存的基础。细胞新陈代谢包括的所有化学反应几乎都是在酶的催化下进行的。酶的化学本质是蛋白质。具有酶活性的蛋白质分为简单蛋白质类和结合蛋白质类。简单蛋白质类的酶是由氨基酸组成的，不含任何其他物质，如胃蛋白酶。结合蛋白质类的酶是由简单蛋白质与辅基组成的，如乳酸脱氢酶、转氨酶。组成酶的简单蛋白质部分称作酶蛋白或主酶，辅基部分称作辅酶。一般是主酶与辅酶相结合，成为全酶，才能起到酶的作用。蛋白质所具有的物理、化学性质，酶都具有，包括：由活细胞合成的蛋白质易受温度、pH 等外界因素影响，催化效率高，具有高度特异性，酶活性具有可调节性。

本章内容主要涉及各种酶的相关实验，包括不同类型酶的作用和测定方法，温度、pH、激活剂和抑制剂对酶活力的影响，以及相关酶分离纯化及活性测定等。目的是全面、系统地了解各种酶的作用及测定方法。

实验四十三　过氧化氢酶和过氧化物酶的作用

一、实验目的

（1）了解过氧化氢酶的作用，掌握常用的测定过氧化氢酶的方法。

（2）了解过氧化物酶的作用，掌握常用的测定过氧化物酶的方法。

二、实验原理

过氧化物酶是植物体内普遍存在的、活性较高的一种酶。它与呼吸作用、光合作用及生长素的氧化等都有密切关系。在植物生长发育过程中，它的活性不断发生变化，因此测量这种酶，可以反映某一时期植物体内代谢的变化。在过氧化氢酶催化下，H_2O_2将愈创木酚氧化成茶褐色产物。此产物在470 nm波长处有最大光吸收，故可通过测470 nm波长下的吸光度变化测定过氧化物酶的活性（愈创木酚法）。

过氧化氢酶普遍存在于植物的所有组织中，其活性与植物的代谢强度及抗寒、抗病能力有一定关系。H_2O_2酶属于血红蛋白酶，含有铁，它能催化H_2O_2分解为水和分子氧，在此过程中起传递电子的作用。H_2O_2则既是氧化剂又是还原剂。

因此，可根据H_2O_2的消耗量或O_2的生成量测定该酶活力大小。

在反应系统中加入一定量（反应过量）的H_2O_2溶液，经酶促反应后，用标准高锰酸钾溶液（在酸性条件下）滴定多余的H_2O_2，即可求出消耗的H_2O_2的量。

三、实验仪器、原料和试剂

1. 过氧化氢酶的测定

仪器：722型分光光度计，离心机，研钵，容量瓶，试管，吸管。

原料：马铃薯块茎，新鲜猪肝。

试剂：0.05 mol/L pH值为5.5的磷酸缓冲液，0.05 mol/L愈创木酚溶液，2% H_2O_2，20%三氯乙酸。

2. 过氧化物酶活性的测定

仪器：研钵，三角瓶，酸式滴定管，恒温水浴锅，容量瓶。

原料：小麦叶片。

3. 通用试剂

10% H_2SO_4。

0.2 mol/L pH值为7.8的磷酸缓冲液。

0.1 mol/L高锰酸钾标准液：称取3.1605 g $KMnO_4$，用新煮沸冷却蒸馏水配制成1000 mL，再用0.1 mol/L草酸溶液标定。

0.1 mol/L H_2O_2：市售30% H_2O_2大约为17.6 mol/L，取5.68 mL 30% H_2O_2溶液，稀释至1000 mL，用标准0.1 mol/L $KMnO_4$溶液（在酸性条件下）进行标定。

0.1 mol/L 草酸：称取 12.607 g 优级纯 $H_2C_2O_4 \cdot 2K_2O$，用蒸馏水溶解后，定容至 1000 mL。

四、实验操作

过氧化氢酶的作用（见表 5-43-1）：

表 5-43-1

管号	2%过化氧化氢酶溶液 /mL	新鲜猪肝 /g	煮沸肝糜 /g	生马铃薯 /g	熟马铃薯 /g
1	3.0	0.5	—	—	—
2	3.0	—	0.5	—	—
3	3.0	—	—	1.0	—
4	3.0	—	—	—	1.0

过氧化物酶的作用（见表 5-43-2）：

表 5-43-2

试剂管号	1	2	3	4
1%焦性没食子酸/mL	2.0	2.0	2.0	2.0
2% H_2O_2/滴	2.0	—	2.0	2.0
蒸馏水/mL	2.0	—	—	—
新鲜白菜提取液/mL	—	2.0	2.0	—
煮沸的白菜提取液/mL	—	—	—	2.0

五、实验结果

记录操作过程和实验结果，并对实验结果进行分析。

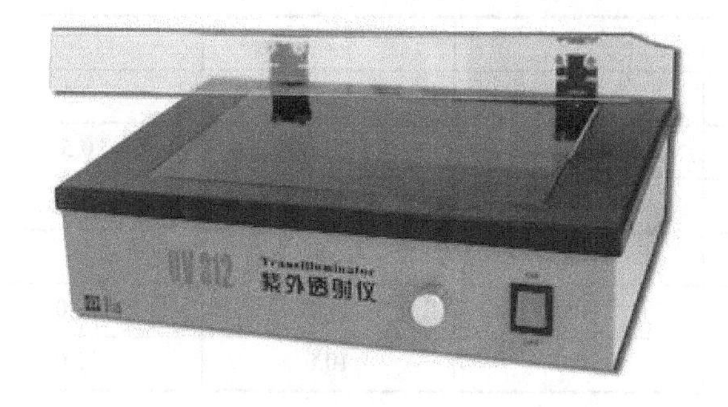

实验四十四　乳酸脱氢酶及其辅酶Ⅰ的作用

一、实验原理

乳酸脱氢酶由酶蛋白和辅酶Ⅰ组成，两者单独存在时，无催化活性，必须共同存在组成全酶才起作用。乳酸脱氢酶在各种组织细胞广泛存在。它可逆地催化乳酸脱氢形成丙酮酸或丙酮酸接受氢生成乳酸，在代谢过程中，有重要意义。反应中由辅酶Ⅰ（NAD^+）起传递氢作用。乳酸脱氢酶属于不需氧脱氢酶，不能直接将氢交给氧，反应中生成的还原型辅酶Ⅰ，可与其他酶蛋白结合，将氢传给其他的递氢体，通过呼吸链被彻底氧化。

本实验以乳酸为底物。用新鲜的动物肌肉的粗制提取液，分别制成酶蛋白部分（用白陶土吸附除去辅酶Ⅰ）和辅酶部分（加热破坏酶蛋白），观察两者单独作用及共同作用。实验中为了便于观察，用亚甲蓝（即美兰）作为受氢体。已知亚甲蓝能从还原型黄酶接受氢而由蓝色变成无色（甲烯白），所以本实验中根据溶液蓝色的消退判断乳酸脱氢反应的发生。

二、操作步骤

（1）分别制备酶蛋白提取液及辅酶Ⅰ提取液。

除去辅酶Ⅰ的酶蛋白提取液：取新鲜动物肌肉组织 3 g，剪碎放入研钵中，加玻璃砂约 0.5 g，白陶土 0.5 g，pH 值为 7.4 的 0.1 mol/L 磷酸缓冲液 8 mL，研细成粥状。移入离心管中，以 2000 rpm 离心 5 min，倒入另一支试管中备用。

辅酶Ⅰ提取液：取蒸馏水 10 mL 放入试管中，加热煮沸。取新鲜的肌肉组织 3 g，剪碎，放入沸水中，继续煮沸 10 min，为防止水分过多蒸发可加盖。稍冷后倒入乳钵中研细。移入离心管中，以 2500 rpm 离心 5 min，取上清液备用。

（2）取试管 4 支，标清管号，按表 5-44-1 加样。

表 5-44-1

管号	1	2	3	4
5%乳酸钠提取液/mL	0.5	0.5	0.5	—
酶蛋白提取液/mL	0.5	—	0.5	0.5
辅酶Ⅰ提取液/mL	—	0.5	0.5	0.5
蒸馏水/mL	0.5	0.5	—	0.5
0.5% KCN 液/滴	10.0	10.0	10.0	10.0
0.04%亚甲蓝液/滴	10.0	10.0	10.0	10.0

（3）充分混匀，向各管徐徐加入液状石蜡 5 滴（避免与空气接触），静置试管架上或放 37℃水浴 15～30 min，随时观察并记录各管褪色情况，分析结果。

三、思考题

观察褪色的管，振荡片刻会出现什么变化？再放置一段时间有什么变化？解释这些现象。

实验四十五　温度、pH、激活剂和抑制剂对酶活力的影响

一、实验目的

（1）了解温度、pH、激活剂、抑制剂对酶活性的影响。

（2）学习酶活性的判定。

二、实验原理

酶活性大小可以用反应速度来表示，即在单位时间内，酶所催化底物的消耗量或产物的生成量来衡量。酶活性大，反应速度就快。反之则慢。酶促反应速度受多种因素的影响。如温度、pH、激活剂、抑制剂等。

本实验是观察在不同温度、pH 以及缺乏激活剂或有抑制剂的条件下唾液淀粉酶的活性大小。借以验证各种因素对酶活性的影响。

唾液中含有唾液淀粉酶，此酶可以使淀粉逐步水解，最后生成麦芽糖。麦芽糖具有还原性。根据淀粉被唾液淀粉酶水解后产物的生成量（即还原性麦芽糖的多少）判定酶活性的大小。用碘的反滴定法测定还原物的量，还原物多，酶活性大。

具体反应如下：

（1）试剂成分（S、H、S 试剂）：$CuSO_4$、Na_2CO_3、$NaHCO_3$、KI、KIO_3、酒石酸钾钠、草酸钾。

（2）判定酶活性大小的化学反应过程：

$$Na_2CO_3 + 2H_2O \longrightarrow 2NaOH + H_2CO_3$$

$$CuSO_4 + 2NaOH \longrightarrow Cu(OH)_2\downarrow + Na_2SO_4$$

$$5KI + KIO_3 + 3H_2SO_4 \longrightarrow 3I_2 + 3K_2SO_4 + 3H_2O$$

酶：

$$\text{淀粉}\rightarrow\text{麦芽糖} + Cu^{2+} \longrightarrow \text{麦芽糖氧化产物}\ Cu^{+}$$

$$Cu^{+} + I_2 \longrightarrow Cu^{2+} + 2I^{-}$$

$$\text{剩余}\ I_2 + Na_2S_2O_3 \longrightarrow 2I^{-} + Na_2S_4O_6$$

（与淀粉呈蓝色）（与淀粉无色）

（3）判定酶活性大小的标志。

酶活性大→麦芽糖多→Cu^{+}生成量多→I_2 消耗量多→剩余 I_2 少→$Na_2S_2O_3$ 消耗量少。

酶活性越大，$Na_2S_2O_3$ 消耗量越少。空白实验无酶活性，因此 $Na_2S_2O_3$ 消耗量最多。与空白实验进行对比，差值越大，说明此条件下酶活性越大。

三、实验器材和试剂

1. 器材

中试管，试管架，恒温水浴箱，温度计，50 mL 量筒。

吸管：0.5 mL，1 mL，2 mL，5 mL，10 mL。

25 mL、100 mL 烧杯；电炉子一个。

2. 试剂

2%淀粉溶液。

1mol/L NaCl 溶液：称取 58.5 g NaCl，溶于 1000 mL 水中。

磷酸盐缓冲液：

甲液：称取 23.9 g $Na_2HPO_4 \cdot 12H_2O$ 溶于 1000 mL 水中，溶液 pH 值为 8.5。

乙液：称取 9.08 g KH_2PO_4 溶于 1000 mL 水中，此溶液 pH 值为 4.5。

取甲液 37.5 mL，乙液 62.5 mL，两液混匀后即为 pH 值为 6.6 的磷酸盐缓冲液。

0.01% $HgCl_2$。

H_2SO_4 溶液：取水约 250 mL，加入浓硫酸 28 mL，稀释至 1000 mL。

Shaffer-Hartman-Somogyi 试剂（S、H、S 试剂）：

溶液 A：结晶硫酸铜（$CuSO_4 \cdot 5H_2O$）6.5g，溶于 100 mL 水中。

溶液 B：酒石酸钾钠 12 g，无水碳酸钠 20 g，碳酸氢钠 25 g，溶于 500 mL 水中。

溶液 C：碘化钾 10 g，碘酸钾 0.8 g，草酸钾 18 g，溶于 300 mL 水中。

将溶液 B 倒入溶液 A 中混匀，再倒入溶液 C 混匀后定容至 1000 mL。

标准 0.005 mol/L $Na_2S_2O_3$ 溶液：取硫代硫酸钠（$Na_2S_2O_3 \cdot 5H_2O$）25 g，溶于 1000 mL 水中。此溶液浓度约为 0.1 mol/L，其准确浓度须用碘酸钾标准方法标定（方法略）。

取已调整至 0.1 mol/L 标准 $Na_2S_2O_3$ 溶液 50 mL，稀释至 1000 mL 即为 0.005N。

四、实验步骤

（1）取中试管 8 支，标号 0～7。0 号为空白对照，1～3 号为测定温度对酶活性的影响，4～5 号为 pH 对酶活性的影响，6～7 号为激活剂和抑制剂对酶活性的影响。按表 5-45-1 操作。

表 5-45-1

影响因素	管号 /mL	淀粉 /mL	NaCl pH 值	缓冲溶液 /mL	H_2O /mL	温度 时间	稀释 唾液	温度 时间
空白	0	4.0	2.0	6.6	2.0	3.0		
温度的影响	1	4.0	2.0	6.6	2.0	2.5		
	2	4.0	2.0	6.6	2.0	2.5		
	3	4.0	2.0	6.6	2.0	2.5		
pH 的影响	4	4.0	2.0	4.5	2.0	2.5		
	5	4.0	2.0	8.5	2.0	2.5		
激活剂	6	4.0	—	6.6	2.0	4.5		
抑制剂的影响	7	4.0	$HgCl_2$（2 mL）	6.6	2.0	2.5		

（2）充分混匀后开始保温。保温后立即由各管吸取 2 mL 分别加入已预先加入 2 mL S、H、S 试剂相应号码的试管中，并充分混匀。

（3）各管放入沸水中加热 8 min。

（4）往各管中加入 2 mL H_2SO_4，轻轻摇动至不产生气泡为止。

（5）以 0.005 mol/L $Na_2S_2O_3$ 滴定各管，至蓝色消退为止，并记录结果。

（6）由零号试管消耗 $Na_2S_2O_3$ 的毫升数分别减去其余各管所消耗毫升数，以此结果判定各种因素对酶活性的影响。

五、实验结果与分析（见表 5-45-2）

表 5-45-2

管　号	0	1	2	3	4	5	6	7
消耗毫升数								
差值								

六、思考题

（1）本实验判定酶活性大小的化学反应过程是什么？

（2）加入 H_2SO_4 的作用是什么？

（3）根据实验结果分析温度、pH、激活剂、抑制剂对酶活性的影响。

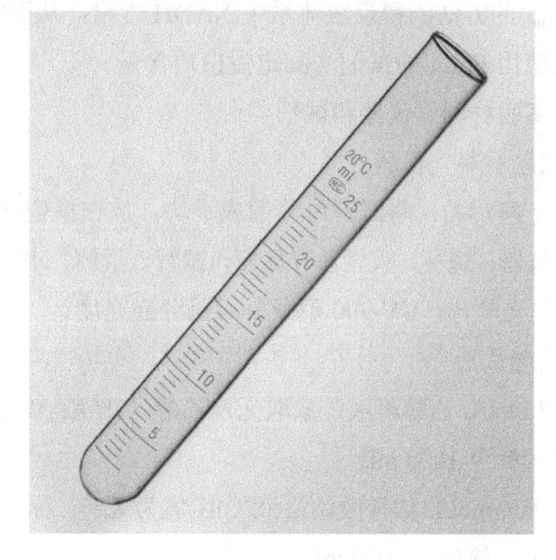

实验四十六　酵母醇脱氢酶的提纯

一、实验目的

（1）学习和掌握醇脱氢酶提纯的原理和方法。

（2）掌握醇脱氢酶活力的测定方法。

二、实验原理

以酵母为原料，利用热变性、有机溶剂沉淀蛋白质等方法，提取具有一定纯度的酵母醇脱氢酶。在提纯过程中，每经一步提纯处理，都需测定酶蛋白质含量和活力，并计算得比活力（本实验中比活力＝活力单位数/mg 蛋白质）。唯有比活力提高了，才证明所用提纯措施有效，酶制剂的纯度提高了。

醇脱氢酶的辅酶 NAD（以 NAD 为辅酶的醇脱氢酶），只作用于一级醇、二级醇和半缩醛脱氢酶，动物醇脱氢酶还能催化环一级醇脱氢，酵母醇脱氢酶无此活力。另有以 NADP 为辅酶的醇脱氢酶，只作用于一级醇。它能催化乙醇脱氢变成乙醛，脱下的氢则使 NAD^+还原。

$$CH_3CH_2OH + NAD^+ \longrightarrow CH_3CHO + NADH + H^+$$

当有过量的醇存在时，NAD^+被还原的速度与酶活力呈正比。酶活力越高，单位时间产生的 NADH 越多。NADH 对 340 nm 波长紫外线有较强吸收，NAD^+无此能力，因此可用测定 $A_{340\ nm}$的方法测得反应体系中 NADH 含量，从而得知酶活力的大小。

本实验用 Folin-酚试剂法测定蛋白质含量。

三、实验材料、仪器和试剂

1. 实验材料、仪器

（1）干酵母粉：将鲜酵母分散成小块，放在搪瓷盘吹干。干燥后，研磨成粉末。

（2）仪器：烧杯，吸管，容量瓶，试管，量筒，水浴锅，电子天平，离心机（5000 r/min），722 型分光光度计，UV-900 型紫外可见分光光度计。

2. 实验试剂

（1）3 mol/L 乙醇溶液：量取无水乙醇（比重：0.789，相对分子质量：46.07）174.6 mL，加蒸馏水稀释至 1000 mL。

（2）0.06 mol/L 焦磷酸钠溶液（pH 值为 8.5）：称取焦磷酸钠（$Na_4P_2O_2 \cdot 10H_2O$）22.56 g，溶于蒸馏水，稀释至 1000 mL。

（3）0.0015 mol/L NAD 溶液：称取 0.0995 g NAD （相对分子质量：663.44）溶于蒸馏水，稀释至 1000 mL。

（4）0.01 mol/L K_2HPO_4溶液：称取 1.74 g K_2HPO_4，溶于蒸馏水并稀释至 1000 mL。

（5）丙酮（A.R.）。

（6）0.066 mol/L Na_2HPO_4溶液：称取 9.37 g Na_2HPO_4，溶于蒸馏水并稀释至 1000 mL。

四、实验操作步骤

1. 酵母醇脱氢酶的提纯

（1）粗提。

置 20 g 干酵母于 250 mL 烧杯中，加 80 mL 0.066 mol/L Na_2HPO_4 溶液，37℃水浴锅保温 2 h，不断搅拌，再于室温提取 3 h，离心 20 min（4000 r/min）取上清液 3 mL，测定蛋白质含量及酶活力。其余上清液量得体积后，倒入 150 mL 烧杯中。

（2）热变性沉淀杂蛋白。

将上清液 55℃保温 15～20 min，不断慢速搅拌。保温完毕，立即置于冷水浴锅中冷却，离心 20 min（4℃，4000 r/min）。吸取上清液 3 mL，测蛋白质含量及酶活力。其余上清液量得体积后，倒入烧杯中。

（3）有机溶剂沉淀杂蛋白。

将上清液置盐冰浴中降温至－2℃以下，按 100 mL 上清液加 50 mL 丙酮的比例加入预先冷至－2℃以下的丙酮，边加边搅。加毕，放置片刻，低温离心 20 min（0℃，4000 r/min）。吸取上清液 3 mL，测蛋白质含量及酶活力。其余上清液量得体积后，倒入已置于盐冰浴的烧杯中。

（4）有机溶剂沉淀酶蛋白。

按 100 mL 上清液加 55 mL 丙酮的比例，逐滴加入冰冷的丙酮，使溶液保持－2℃以下。待沉淀完全后，低温离心 15 min（0℃，4000 r/min）。弃去上清液，沉淀溶于少量蒸馏水，转移至透析袋内，冷水透析 3 h（在冰箱中进行）。离心除去沉淀，上清液即为达到一定纯度的醇脱氢酶制剂。

2. 蛋白质浓度的测定

吸取步骤（1）～（3）所取的样液及最后制得的酶制剂 0.5 mL，用蒸馏水稀释 100～200 倍。按考马斯亮蓝法或紫外吸收法测定蛋白质含量。

3. 酶活力测定

样液及酶制剂均需用 0.01 mol/L K_2HPO_4 溶液稀释，稀释倍数如下：

V_1（粗提取液）:$V_{Na_2HPO_4}$ ＝1:4（或 1:9）；

V_2（热变性去杂蛋白样液）:$V_{Na_2HPO_4}$ ＝1:9（或 1:19）；

V_3（有机溶剂去杂蛋白样液）:$V_{Na_2HPO_4}$ ＝1:9（或 1:19）；

V（酶制剂）:$V_{Na_2HPO_4}$ ＝1:9（或 1:19）；

吸取 0.06 mol/L 焦磷酸钠溶液 0.5 mL、3 mol/L 乙醇溶液 0.1 mL、0.0015 mol/L NAD 溶液 0.1 mL、蒸馏水 2.2 mL 置于石英比色杯中（容量 4 mL），加入已稀释的样液或酶制剂 0.1 mL，立即混匀，测定 $A_{340\ nm}$。以后每隔 15 s 测 1 次，直至 $A_{340\ nm}$ 不变，记下反应时间和 $A_{340\ nm}$ 读数。

于另一石英杯中，以蒸馏水代替底物，做空白试验。每分钟 $A_{340\ nm}$ 增加 0.001 为 1 活力单位（见表 5-46-1）。

表 5-46-1　　测酶活力加样表　　mL

比色杯	焦磷酸钠	乙醇	NAD	蒸馏水	稀释后酶液
空白杯	0.5	0	0.1	2.3	0.1
测试杯	0.5	0.1	0.1	2.2	0.1

4. 结果

将测得数据或计算结果填入表 5-46-2。提纯酶时，常用此表，它反映了所采用的每个提纯步骤的效果。

表 5-46-2　　实验结果记录分析表

提取步骤	总体积 A/mL	蛋白质浓度 B/（mg/mL）	蛋白质总量 C/mg	酶活力 D/U	总活力 E/U	比活力 F/（U·mg^{-1}）	回收率（%）	
							蛋白质 G	酶活力 H
1．粗提								
2．热变性去除杂蛋白								
3．有机溶剂去除杂蛋白								
4．有机溶剂沉淀杂蛋白								

注　$C=A\times B$，$E=A\times D$，$F=D/B$；
回收率＝（每次总活力/第一次总活力）×100%；
纯化倍数＝每次比活力/第一次比活力。

实验四十七　过氧化氢酶米氏常数的测定

一、实验目的

（1）了解米氏常数的测定方法。

（2）学习提取生物组织中的酶。

二、实验原理

1. 米氏反应动力学

米氏方程（Michaelis-Menten Equation）见下图。

$$米氏方程：v=\frac{V_{max}[S]}{K_m+[S]}$$

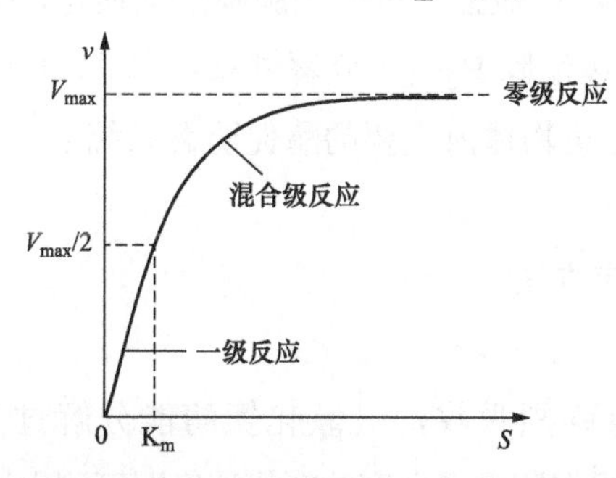

底物浓度对酶反应速度的影响见表 5-47-1。

表 5-47-1　常见的一些酶的 K_m 值

酶	底物	K_m/（mmol/L）
过氧化氢酶（血液）	H_2O_2	25
己糖激酶（脑）	D-葡萄糖	0.15
	D-果糖	1.5
碳酸酐酶	HCO_3^-	9
胰凝乳蛋白酶	甘氨酰酪氨酰甘氨酸	108
	N-苯甲酰-L-酪氨酰胺	2.5
蔗糖酶	蔗糖	28
	棉子糖	350
丙酮酸脱氢酶	丙酮酸	1.3
乳酸脱氢酶	丙酮酸	0.017
苏氨酸脱氢酶	L-苏氨酸	5

2. 米氏常数的意义

（1）反应酶的种类：K_m 是一种酶的特征常数，只与酶的种类有关，与酶浓度、底物浓度无关。

（2）米氏常数是酶促反应达到最大反应速度 V_{max} 一半时的底物浓度。其数值大小反映了酶与底物之间的亲和力：K_m 值越大，亲和力越弱，反之 K_m 值越小，亲和能力越强。

（3）K_m 可用来判断酶（多功能酶）的最适底物：K_m 值最小的酶促反应对应底物就是该酶的最适底物。

氧化酶：生物体内重要的三种氧化酶类，其作用均是消除体内自由基：①POD：过氧化物酶；②SOD：超氧化物歧化酶；③CAT；过氧化氢酶。

3. 过氧化氢酶的作用

植物体内活性氧代谢加强而使 H_2O_2 发生积累。H_2O_2 可进一步生成氢氧自由基。氢氧自由基是化学性质最活泼的活性氧，可以直接或间接地氧化细胞内核酸、蛋白质等生物大分子，并且有非常高的速度常数，破坏性极强，可使细胞膜遭受损害，加速细胞的衰老和解体。过氧化氢酶（catalase，CAT）可以清除 H_2O_2、分解氢氧自由基，保护机体细胞稳定的内环境及细胞的正常生活，因此 CAT 是植物体内重要的酶促防御系统之一，其活性高低与植物的抗逆性密切相关。

4. 过氧化氢酶活力的测定方法

紫外吸收法：

H_2O_2 在 240 nm 波长下有强烈吸收，过氧化氢酶能分解过 H_2O_2，使反应溶液吸光度（$A_{240\,nm}$）随反应时间而降低。根据测量吸光度的变化速度即可测出过氧化氢酶的活性（以 1 min 内 $A_{240\,nm}$ 下降 0.1 为一个单位）。

滴定法（高锰酸钾法、碘量法）：

在反应系统中加入一定量（反应过量）的 H_2O_2 溶液，经酶促反应后，用标准高锰酸钾溶液（在酸性条件下）滴定多余的 H_2O_2。根据单位时间内消耗的 H_2O_2 的量即可测出过氧化氢酶活力大小。

5. 实验中的反应

H_2O 被过氧化氢酶分解出 H_2O 和 O_2，未分解的 H_2O_2 用 $KMnO_4$ 在酸性环境中滴定，根据反应前后的浓度差可以算出反应速度：

$$2H_2O_2 \longrightarrow 2H_2O + O_2$$

$$2KMnO_4 + 5H_2O_2 + 3H_2SO_4 \longrightarrow 2MnO_4 + K_2SO_4 + 8H_2O + 5O_2$$

（本实验以马铃薯提供过氧化氢酶）

三、实验试剂

（1）0.02 mol/L 磷酸缓冲溶液（pH 值为 7.0）：实验室提供；

（2）酶液：称取马铃薯 5 g，加缓冲液 10 mL，匀浆过滤；

（3）0.01 mol/L $KMnO_4$；

（4）0.098 mol/L H_2O_2；

（5）25% H_2SO_4。

四、实验操作

取 6 只锥形瓶，按表 5-47-2 的顺序加入试剂。

表 5-47-2

试剂＼瓶号	0	1	2	3	4	5
0.098 mol/L H_2O_2/mL	0	1.00	1.25	1.67	2.50	5.00
蒸馏水/mL	9.50	8.50	8.25	7.83	7.0	4.50
酶液/mL	0.50	0.50	0.50	0.50	0.50	0.50
滴定用去 $KMnO_4$/mL	V_0	V_1	V_2	V_3	V_4	V_5
样品实际消耗的 H_2O_2/mL	—	V_1-V_0	V_2-V_0	V_3-V_0	V_4-V_0	V_5-V_0

先加好过 H_2O_2 和蒸馏水，加酶液后立即混合，依次记录各瓶的起始反应时间。反映到达 5 min 立即加入 2 mL 25%硫酸终止反应，充分混匀。用 0.01 mol/L 的 $KMnO_4$ 溶液滴定瓶中剩余的 H_2O_2 至微红色，记录消耗的 $KMnO_4$ 体积。

五、注意事项

（1）反应时间必须准确。

（2）酶浓度须均一，若酶活力过大，应适当稀释。

（3）滴定终点的判定。

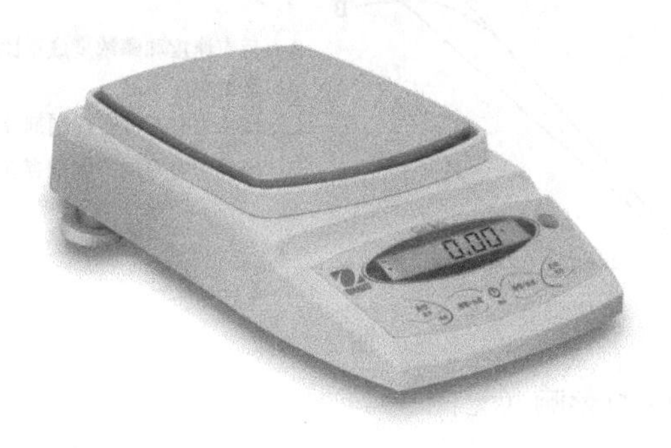

实验四十八　用正交法测定几种因素对酶活力的影响

一、实验原理

酶反应受到多种因素的影响，如底物浓度、酶浓度、温度、pH、激活剂和抑制剂等都能影响酶反应速度，并且各因素之间也相互影响（交互作用）。

（1）底物浓度对酶反应速度的影响（见图 1）。

$$米氏方程：v=\frac{V_{max}[S]}{K_m+[S]}$$

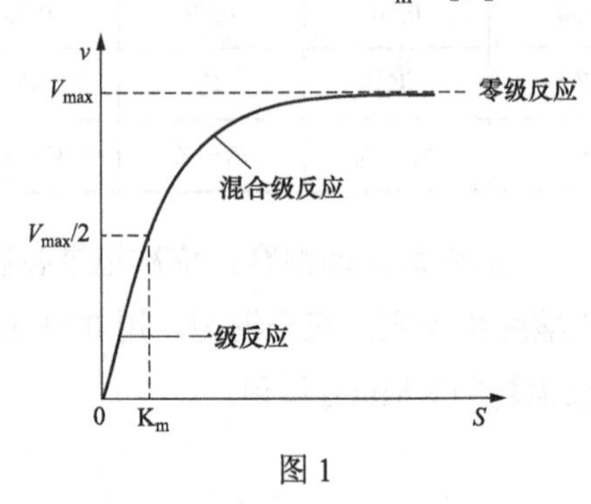

图 1

（2）酶浓度对酶反应速度的影响（见图 2）。

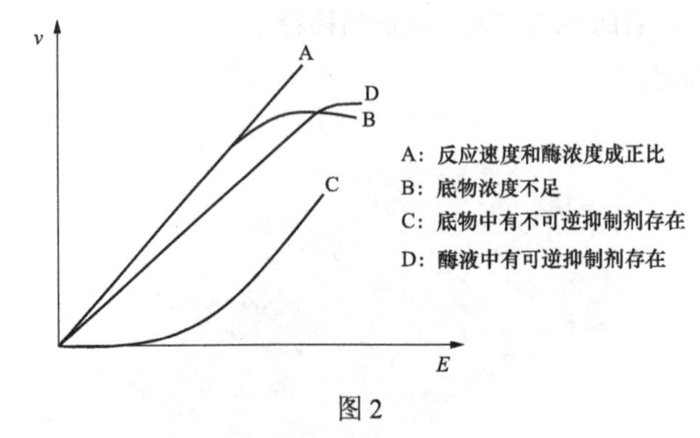

图 2

（3）温度对酶反应速度的影响（见图 3）。

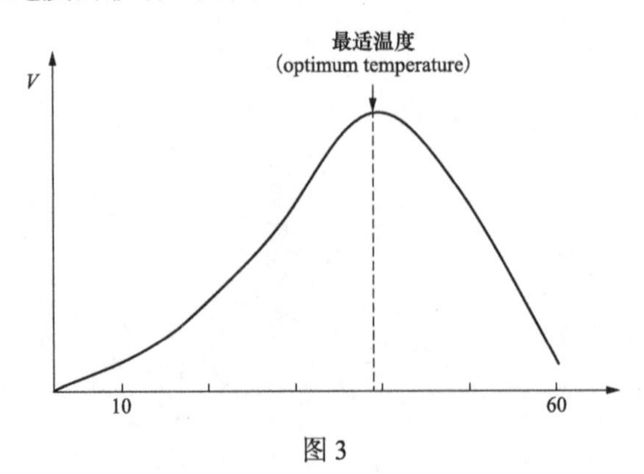

图 3

最适温度不是一个固定的常数，它受底物的种类、浓度；溶液的离子强度、pH、反应时间等的影响。

（4）pH 对酶反应速度的影响（见图 4）。

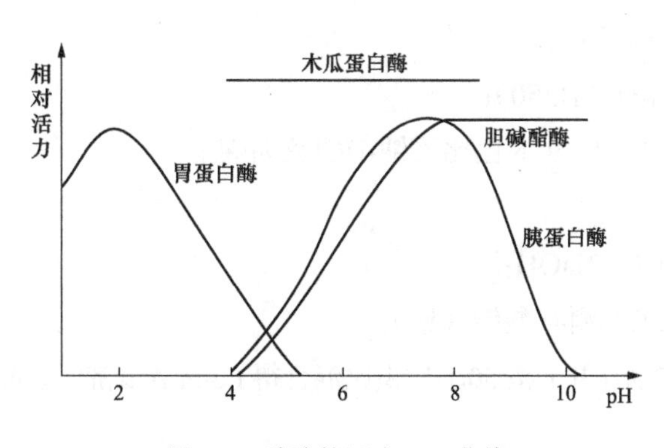

图 4　4 种酶的活力–pH 曲线

最适 pH 和最适温度一样，也不是一个固定的常数。

正交法是利用正交表来安排多因素试验、寻求最优水平组合的一种高效率试验设计方法。它从多因素试验的全部水平组合中挑选部分有代表性的水平组合进行试验，通过对这部分试验结果的分析了解全面试验的情况，找出最优水平组合。

（1）正交法的优点：用较少的试验获得较全面的数据结果，避免了在多因素、多水平试验中对每个因素的每个水平都互相搭配进行的全面试验，节省大量的人力、物力，缩短了实验时间。

（2）正交表的正交性：

1）表中每一列（因素）各水平的重复数相等。

2）中任意两列横向形成的有序数对中，所有各种可能的有序数对的重复数相同。

用正交表安排的实验，具有均衡分散的特点。即按正交表挑选出来的各因素水平组合在全部水平组合中的分布是均衡的。

（3）正交实验的一般流程：①列出试验中的因素和水平数；②选择合适的正交表；③根据正交表进行实验设计；④实验并收集数据；⑤分析数据，得出结论。

（4）结果分析。

1）利用各因素同一水平试验指标之和及平均数，可比较因素不同水平对试验的影响程度。

2）算极差，可比较不同因素的影响程度。

3）出最佳试验条件（理论值）。

本实验选取四个因素，即底物浓度［S］、酶浓度［E］、温度、pH，每个因素选三水平，选择 L9 正交表设计实验。

本实验测定的是胰蛋白酶的活力，以血红蛋白为底物，血红蛋白水解后的产物多肽或氨基酸可用Folin-酚显色，在680 nm波长下比色来得到产物浓度，从而通过一定时间内生成产物的量来判断酶反应的速度。

二、实验试剂

2%血红蛋白液；

15%三氯乙酸（TCA）溶液；

0.3 mg/mL牛胰蛋白酶（1:250）；

0.04 mol/L pH值为7、8、9的巴比妥钠-HCl缓冲液；

Folin-酚试剂：

Folin-A（Ⅰ）：Na_2CO_3-NaOH；

Folin-A（Ⅱ）：CuSO4-酒石酸钾（钠）；

临用前将A（Ⅰ）和A（Ⅱ）按50:1体积比混合得Folin-A试剂。Folin-B试剂：约1 mol/L。

三、实验器材

温度计，试管，漏斗，移液枪，5 mL移液管，恒温水浴锅，紫外分光光度。

四、实验操作

按表5-48-1进行操作：

表5-48-1

实验号 试剂	1	6	8	2	4	9	3	5	7
2%血红蛋白液/mL	0.2	0.5	0.8	0.2	0.5	0.8	0.2	0.5	0.8
缓冲溶液/mL	pH值为7 2.6	pH值为8 1.7	pH值为9 1.7	pH值为8 2.3	pH值为9 2.3	pH值为7 1.4	pH值为7 2.0	pH值为7 2.0	pH值为8 2.0
	37℃预热			50℃预热			60℃预热		
酶液/mL	0.2	0.8	0.5	0.5	0.2	0.8	0.8	0.5	0.2
	37℃反应10 min			50℃反应10 min			60℃反应10 min		

反应10 min后，各管均加入2 mL 15%三氯乙酸溶液，终止反应。

另取1支试管做非酶对照，即加2%血红蛋白液0.5 mL，缓冲液2.0 mL，先加15%TCA 2 mL，摇匀放置10 min后再加入0.5 mL酶液。

将上述酶促和非酶对照各管反应液，室温放置15 min，过滤，滤液留待Folin-酚法测定酶活力。

Folin-酚法测定酶活力：取0.5 mL滤液，加入4 mL试剂A，室温放置10 min，再加0.5 mL试剂B，室温静置30 min后，于680 nm波长处测吸光度。

五、注意事项

（1）应确保酶促反应的温度及反应时间的准确性。

（2）为减少显色反应时间带来的误差，Folin试剂的加入顺序和最后测定吸光度的顺序应保持一致，且间隔时间应尽量相同。

（3）加入 Folin-B 试剂后应迅速摇匀，加一管摇一管，使还原反应产生于磷钼酸—磷钨酸试剂被破坏之前。

六、思考题

（1）正交法有何优点？

（2）各管温育后为何要加入三氯醋酸液？

（3）非酶促空白对照的作用是什么？其处理为何与其他各管不同？

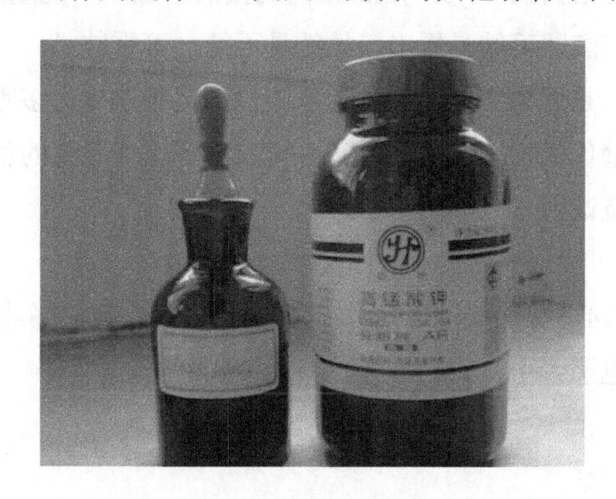

实验四十九　溶菌酶的提纯结晶和活力测定

一、实验目的

学习溶菌酶的提纯方法和酶活力的测定。

二、实验原理

鸡蛋清内含有丰富的溶菌酶（lysozyme），向鸡蛋清中加入一定量的中性盐，并调节 pH 至溶菌酶的等电区，溶菌酶即可结晶析出。如结晶不纯，可重结晶。

溶菌酶之所以溶菌，是因为它能催化革兰氏阳性细菌细胞壁黏多糖水解。测定溶菌酶活力，可用某些细菌细胞壁作底物，以单位时间内被它水解的细胞壁的量表示酶活力的大小。

三、主要仪器设备及试剂

1. 主要仪器设备

可见分光光度计，离心机，恒温水浴锅，匀浆器，烧杯，布氏漏斗，真空干燥器，纱布，吸管，量筒，抽滤瓶，电子天平。

2. 主要试剂

氯化钠（C.P）：应研细；

五氧化二磷；

1 mol/L NaOH 溶液；

丙酮（无水，C.P）；

0.1 mol/L 磷酸缓冲液（pH 值为 6.2）；

溶菌酶晶种；

牛肉膏蛋白胨固体、液体培养基；

底物悬液：溶菌小球菌（micrococcus lysodeik licus）的细胞壁。

四、实验步骤

1. 底物悬液的制作

将菌种接种于液体培养基扩大培养（28℃，24 h），离心（4000 rpm，20 min），倾去上清液，沉淀为菌体。加入少量蒸馏水，用玻璃棒搅成悬液，离心，倾去上清液。如此反复洗涤菌体数次，最后用少量蒸馏水制成悬液，冷冻干燥。也可将菌体铺于玻板上吹干，刮下，置于干燥器中。

取 5 mg 干菌粉，置匀浆器中，加入少量 pH 值为 6.2 磷酸缓冲液，研磨数分钟，倒出，用少量缓冲液洗匀浆器，一并稀释至 20～25 mL。比色测定 $A_{450\ \mathrm{nm}}$。此悬液吸光度应在 0.5～0.7 范围内。

2. 溶菌酶的提纯结晶

（1）将 2 个鸡蛋的蛋清置于小烧杯中（蛋清 pH 值不得低于 8.0），慢慢搅拌数分钟，使蛋清稠度均匀，然后用两层纱布滤去卵带或碎蛋壳，记录蛋清体积。

（2）按 100 mL 蛋清加 5 g NaCl 的比例，向蛋清内慢慢加入 NaCl 细粉。边加边搅，使 NaCl 及时溶解，避免 NaCl 沉于容器底部，否则将因局部盐浓度过高而产生大量白色沉淀。

（3）加完 NaCl，用 1 mol/L NaOH 调节 pH 值至 9.5～10.0，随加随搅匀，避免局部过碱。加入少量溶菌酶结晶作为晶种，4℃放置数天。当肉眼观察有结晶形成后，吸取晶液一滴，置于载玻片上，用显微镜观察（100×），记录晶形。

（4）结晶用布氏漏斗滤得，用 0℃丙酮洗涤数次，置于真空干燥器干燥。

3. 活力测定

（1）酶液的制备：准确称取 5 mg 干酶粉，用 0.1 mol/L pH 值为 6.2 磷酸缓冲液溶解成 1 mg/mL 酶液。用时稀释 20 倍，则每毫升酶液酶量为 50 μg。

（2）将酶液和底物悬液分别置于 25℃水浴锅中保温 10～15 min，然后吸取 3.0 mL 底物悬液置于比色杯中，比色测定 $A_{450\,\mathrm{nm}}$，此为零时读数。然后加入 0.2 mL 酶液（10 μg 酶），迅速摇匀，从加入酶计时，每隔 30 s 测一次 $A_{450\,\mathrm{nm}}$，共测 3 次。

（3）本实验的酶活力单位定义为：每分钟 $A_{450\,\mathrm{nm}}$ 下降 0.001 为一个活力单位（25℃，pH 值为 6.2）。

$$P=(A_0-A_1)/m\times 1000$$

式中 P——每毫克酶的活力单位，U/mg；

A_0——零时 450 nm 处的吸光度；

A_1——1 min 时 450 nm 处的吸光度；

m——样品的质量，mg；

1000——0.001 的倒数，即相当于除以 0.001。

五、实验结果分析

1. 溶菌酶的晶形分析

2. 根据比色测定结果分析溶菌酶的活力

六、注意事项

（1）控制鸡蛋清的搅拌速度，切记不能起泡，搅拌方向不得改变，搅棒应光滑，这些都是防止蛋白变性的措施。

（2）NaCl 细粉应慢慢加入，并边加边搅，防止因局部盐浓度过高而产生大量白色沉淀。

（3）调 pH 时，NaOH 应随加随搅匀，避免局部过碱。

（4）底物悬液中加入酶液后应迅速摇匀并从加入酶液开始计时。

实验五十　淀粉酶的分离与纯化

一、实验目的

（1）掌握蛋白质分离纯化的一般程序。

（2）掌握盐析、透析、浓缩的基本原理与操作。

二、实验原理

蛋白质作为溶液稳定存在的两大因素：

（1）蛋白质颗粒表面大多为亲水基团，可吸引水分子，使颗粒表面形成一层水化膜，从而阻断蛋白质颗粒的相互聚集，防止溶液中蛋白质的沉淀析出。

（2）蛋白质颗粒表面可带相同电荷，颗粒之间相互排斥不易聚集沉淀，也可以起稳定颗粒的作用。

若去除蛋白质颗粒这两个稳定因素，蛋白质极易从溶液中沉淀。

盐析是一种与蛋白质的沉淀性质相关的分离方法：它用硫酸铵、硫酸钠等中性盐来破坏蛋白质在溶液中稳定存在的两大因素，故能使蛋白质发生沉淀，从而将蛋白质分离。不同蛋白质分子颗粒大小不同，亲水程度不同，故盐析所需要的盐浓度不同。如用硫酸铵分离清蛋白和球蛋白，在半饱和的硫酸铵溶液中，球蛋白即可从混合溶液中沉淀析出除掉，而清蛋白在饱和硫酸铵中才会沉淀。盐析的优点是不会使蛋白质发生变性。

三、仪器与试剂

（1）缓冲液：0.05 mol/L 磷酸氢钠缓冲液（pH 值为 7.0），含 5 mmol/L 2-巯基乙醇，1 mmol/L EDTA，0.5 mmol/L，PMSF。

（2）仪器：离心机，量筒，研钵。

四、实验内容

1. 浸提

采用缓冲液从固态粗酶粉中浸提粗酶液。

称取 2.5 g 粗酶粉，加入 20 mL 缓冲液，研磨 5～10 min，以 3500 rpm 离心分离 10 min，收集上清液。为提高收率，沉渣可加入适量缓冲液再浸提 1～2 次，离心，合并上清液，即为粗酶液。测定体积，测定粗酶液的酶活力，计算总酶活 1（酶活力×体积）。

2. 分级盐析

根据粗酶液体积，计算出达到相应饱和度需要加入的硫酸铵的量。慢慢地向粗酶液中加入硫酸铵至 30%饱和度，静置 20 min 后，在 12000 rpm 的转速下离心 20 min，分别收集上清液与沉淀 A。

测量上清液体积，再慢慢向上清液中加入硫酸铵至 70%饱和度，静置 20 min 后，在 12000 rpm 的转速下离心 20 min，分别收集上清液与沉淀 B。

按同样的方法再次调节硫酸铵饱和度 100%，静置 20 min 后，在 12000 rpm 的转速下离心 20 min，分别收集上清液与沉淀 C。

收集每一饱和度下沉淀出的蛋白质（沉淀 A、B、C），分别用 5 mL 的缓冲液溶解。

测定组分 A、B、C 的酶活力和蛋白质浓度，以确定淀粉酶主要存在于哪一级的沉淀中，并计算组分 B 的收率。

如果需要，可将采用更细的分级。

组分 B 的收率＝（B 的酶活力×B 的体积）/总酶活力×100%

3. 透析

透析袋的预处理：透析袋的处理主要是除去污染物，特别是重金属和蛋白酶等对蛋白质有毒害作用的物质。可在 0.1 mol/L 的 EDTA 溶液中煮 30 min，再换用蒸馏水煮 7 次，每次 20 min。

透析：将收集的具有酶活力的组分（组分 B），放入透析袋，置于清水中，电磁搅拌，透析 24 h，中间换水 3～4 次。为了防止酶失活，整个透析系统应低温放置。

铵离子是否除尽，可采用纳氏试剂检测。

4. 浓缩

透析后，透析袋中液体浓度低，体积较大，可用蔗糖或 PEG 6000 包埋浓缩至 1～1.5 mL。取出 0.5 mL 测定酶活力，其余的置于冰箱中备下次实验使用。

计算酶活力的收率。

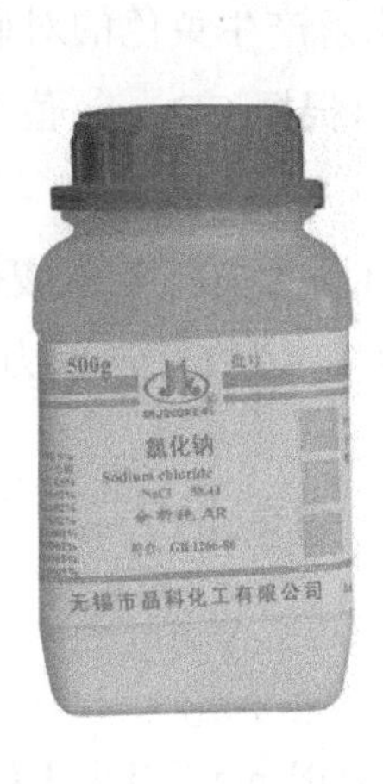

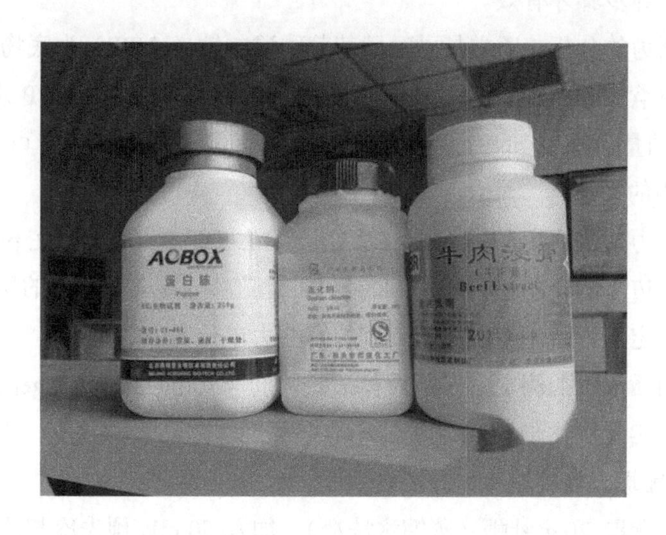

实验五十一　碱性磷酸酶的提取和分离及比活力测定

一、目的要求

（1）学习蛋白质分离纯化的一般原理和步骤。

（2）掌握碱性磷酸酶制备的操作技术及比活测定的方法。

二、实验原理

碱性磷酸酶（AlkalinephosphataseEC3.1.3.1，ALPase）广泛存在于微生物界和动物界。ALPase能催化几乎所有的磷酸单酯的水解反应，产生无机磷酸和相应的醇、酚或糖。它也可以催化磷酸基团的转移反应，磷酸基团从磷酸酯转移到醇、酚或糖等磷酸受体上。

在蛋白质或酶的分离提取过程中，由于酶蛋白容易变性而失活，为了获得较好的分离提取效果，在工作中应特别注意以下几点：

（1）取用新鲜的材料。提取工作应在获得材料后立刻开始，否则应在低温下保存。选择来源丰富，酶含量高的材料。

（2）用盐分级沉淀是一种应用非常广泛的方法。由于硫酸铵在水中溶解度很大（20℃，每升可溶760 g），并且对许多酶没有很大的影响，因此它是最常用的盐。

（3）在酶的制备过程中，每经一步处理，都需测定酶的活力和比活力。唯有比活力提高较大，提纯步骤才有效。

酶活力的分析：通常是以对硝基苯磷酸二钠（pNPP）为底物，在pH值为10.1的碳酸盐缓冲液（含2 mmol/L Mg^{2+}）的测活体系中检测酶催化pNPP水解产生黄色的对硝基苯酚（pNP）的量。产物pNP在405 nm波长处有最大的吸收峰，可以根据$OD_{405\ nm}$值的增加计算酶活力的大小。

酶活力定义为：在37℃下，以2 mmol/L pNPP为底物，在pH值为10.1的碳酸盐缓冲液含2 mmol/L Mg^{2+}的测活体系中每分钟催化产生1 mol/L pNP的酶量定为1个酶活力单位。酶的比活力定义为每毫克蛋白所具有的酶活力单位数。

蛋白质浓度的测定常采用福林—酚试剂（Folin-Phenolreagent）显色法。

三、实验操作

1. 牡蛎碱性磷酸酶的分离提取

每组称取20 g牡蛎（蒸馏水洗净），加入50 mL预先冷却的0.01 mol/L Tris-HCl缓冲液（pH值为7.5，含0.1 mol/L NaCl），（两组一起）于高速组织捣碎机匀浆1 min，于冰箱4℃放置1 h进行抽提。

室温离心，4000 r/m 20 min，收集离心上清液，并量体积。（留2 mL上清液，对0.01 mol/L Tris-HCl缓冲液pH值为7.5含0.1 mol/L NaCl透析平衡，待测酶的比活力。

35%饱和硫酸铵上清液，加入固体研磨细粉的硫酸铵至70%饱和度（100 mL加入

23.8 g)。缓慢加入，不断搅拌溶解，置冰箱静置 2 h。

室温离心，4000 r/m 20 min，收集沉淀物。

得到沉淀物，溶于 5 mL 含 0.1 mol/L NaCl 的 0.01 mol/L Tris-HCl pH 值为 7.5。装入透析袋，对 0.01 mol/L Tris-HCl pH 值为 7.5 的缓冲液透析平衡，至无 SO_4^{2-} 被检测出为止（可用一定浓度 $BaCl_2$ 溶液检验）。

取出酶溶液，冷冻高速离心（0℃，25000 r/m，30 min）。

离心上清液即为粗酶制剂，检测酶的比活力。装入棕色瓶于 4℃冰箱保存。

2. 比活力测定

对硝基苯酚标准曲线的制作：

取 15 支试管编号，0 号 1 支，1～7 号各 2 支，按表 5-51-1 操作。

表 5-51-1

管号	0	1	2	3	4	5	6	7
pNP 含量/mol	0	0.05	0.1	0.15	0.2	0.25	0.3	0.35
0.5 mol/mL pNP /mL	0	0.1	0.2	0.3	0.4	0.5	0.6	0.7
H_2O/mL	0.8	0.7	0.6	0.5	0.4	0.3	0.2	0.1
Na_2CO_3-$NaHCO_3$ /mL	各管加入 1.0 mL							
20 mmol/L $MgCl_2$ /mL	各管加入 0.2 mL							
0.1 mol/L NaOH /mL	各管加入 2.0 mL							
$OD_{405\ nm}$								

以对硝基苯酚的绝对量（摩尔数）为横坐标，$OD_{405\ nm}$ 值为纵坐标，绘制标准曲线。求出 pNP 的克分子消光系数（ε）值。$\varepsilon = 8.80 \times 10^3$（mol/L）$^{-1}$ • cm^{-1}

酶活力的测定（见表 5-51-2）：

表 5-51-2

管号	空白	1	2	3
5 mmol/L pNPP/mL	各管加入 0.2 mL			
Na_2CO_3-$NaHCO_3$/mL	各管加入 1.0 mL			
20 mmol/L $MgCl_2$/mL	各管加入 0.2 mL			
H_2O/mL	各管加入 0.50 mL			
	混匀，37℃，5 min			
酶液/mL	—	各管加入 0.1 mL		
	—	37℃，精确反应 10 min		
0.1 mol/L NaOH/mL	各管加入 2.0 mL			
酶液/mL	0.1 mL			
$OD_{405\ nm}$				

以 0 号管调零点，测定各管的 $OD_{405\,nm}$ 值，根据对照标准曲线求出产物的摩尔数，算出酶活力（见表 5-51-3）。

表 5-51-3

管号	1	1'	2	2'	3	3'	4	4'	5	5'
加酶时间/min	0.5	1	1.5	2	2.5	3	3.5	4	4.5	5
加 NaOH 时间/min	10.5	11	11.5	12	12.5	13	13.5	14	14.5	15
反应时间/min	10	10	10	10	10	10	10	10	10	10

3. 蛋白浓度的测定

本实验采用紫外吸收法（$OD_{280\,nm}$）测定蛋白浓度。

上述分离提取的三步酶制剂按一定比例用 Tris-HCl 缓冲液稀释，稀释倍数视溶液的蛋白浓度高低而定（一般稀释 5～10 倍）。

四、实验结果

计算：

$$酶活力\left(\frac{U}{mL}\right)=\frac{B}{t-V_1}$$

$$蛋白浓度\left(\frac{mg}{mL}\right)=\frac{C}{V_2}\cdot A$$

式中 A——稀释倍数；

B——由标准曲线查得的 pNP/mol 数；

t——反应时间；

C——由标准曲线查得的蛋白，mg；

V_1——测定酶活力所用的酶量，mL；

V_2——测定酶活力所用的酶量，mL。

酶的比活力（U/mg）＝酶活力（U/mL）/蛋白浓度（mg/mL）

纯化倍数＝各步比活力/第一步比活力

得率%＝各步总活力×100%/第一步总活力

五、注意事项

（1）在加硫酸铵时，需事先将硫酸铵粉末研细。加入过程需缓慢并及时搅拌溶解。搅拌要缓慢，尽量防止泡沫的形成，以免酶蛋白在溶液中表面变性。

（2）测活时可以将待测定的试管置于试管架，放入水浴锅中预热及反应。

（3）紫外分光光度测定需用石英杯。

（4）稀释倍数。

（5）移液器的使用。

（6）离心机的使用。

实验五十二　聚丙烯酰胺凝胶电泳法分离乳酸脱氢酶同工酶

一、实验目的

（1）学习聚丙烯酰胺凝胶电泳（PAGE）原理和有关同工酶的知识。

（2）掌握连续系统聚丙烯酰胺凝胶电泳分离乳酸脱氢酶同工酶及酶活性染色的操作技术。

二、实验原理

1. 聚丙烯酰胺凝胶电泳原理

（1）聚丙烯酰胺凝胶电泳是以聚丙烯酰胺凝胶为支持物的区带电泳。离不相同，因而互相之间得以分离。

（2）聚丙烯酰胺凝胶的形成、结构、主要成分。

单体：丙烯酰胺（Acr）；

交联剂：N，N′-甲叉双丙烯酰胺（Bis）；

聚合反应 AP-TEMED 催化体系：

过硫酸铵（AP）催化剂；

四甲基乙二胺（TEMED）加速剂；

结构：三维网状结构的凝胶；

常规 PAGE，也称天然状态生物分子 PAGE。

（3）在电泳过程中，生物分子如蛋白质仍保持天然构象、亚基之间的相互作用及生物学活性。根据被分离组分的电荷、大小和形状三种因数综合效果进行分离。用于蛋白质、核酸一般分离分析。

SDS-PAGE，根据被分离物的分子量大小差异进行分离，多用于测定蛋白质分子量。

IEF-PAGE，根据被分离物的等电点差异进行分离，也称等电聚焦电泳。如等电点不同的蛋白质，在一个 pH 连续变化的 PAG 中电泳后，分别聚集在其等电点的 pH 处，形成区带，因而得以分离。多用于测定蛋白质等电点。

浓度梯度-PAGE 分离胶为浓度梯度胶，即胶浓度呈均匀增加，根据分子大小进行分离。多用于测定蛋白质分子量。

（4）凝胶总浓度及交联度对凝胶的影响。

凝胶溶液中单体和交联剂的总浓度和两者的比例是决定聚丙烯酰胺凝胶特性，包括其机械性能、弹性、透明度、黏着度及孔径大小的主要因素。T 为凝胶溶液中单体和交联剂的总质量浓度，C 为凝胶溶液中交联剂占单体和交联剂总量的质量分数。

$$T=\frac{a+b}{m}\times 100\%$$

$$C=\frac{b}{a+b}\times 100\%$$

式中 a——丙烯酰胺单体的质量，g；

b——交联剂的质量，g；

m——溶液的终体积，mL。

凝胶 a、b 的比例决定了凝胶的物理性状。当 a:b 小于 10 时，凝胶脆且硬，不透明，呈乳白色；当 a:b 大于 100 时，即使用 5%的丙烯酰胺凝胶也呈糊状；通常用 a:b 在 30 左右，并且丙烯酰胺浓度高于 3%，凝胶富有弹性并且透明。

凝胶的总质量浓度 T 和交联度 C 决定凝胶的有效孔径。凝胶的三维网状结构具有分子筛效应，不同大小和形状的大分子通过孔径时所受的阻滞力不同，加上大分子的电荷效应，使各种大分子迁移率不同得以分离。在实际工作中，常依据待分离蛋白质已知相对分子质量的大小来选择合适的凝胶浓度，使蛋白质混合物得到最大限度的分离，大多数蛋白质在 7.5%凝胶中能得到满意的结果，所以这个浓度的凝胶称为标准胶。当分析一个未知样品时，常用标准胶或梯度凝胶来测试，而后确定适宜的凝胶浓度。

2. PAGE 分离乳酸脱氢酶（LDH）同工酶原理

（1）同工酶概念。

催化相同化学反应，但其酶蛋白的结构、组成略有不同，表现出理化性质和动力学性质不同的一组酶。

（2）乳酸脱氢酶同工酶活性染色原理。

用活性染色对 LDH 进行鉴定。将凝胶浸泡在活性染色液中，LDH 与底物的反应，用甲硫吩嗪（PMS）作为电子的中间载体，氯化硝基四氮唑蓝（NBT）作为最终电子受体，底物脱下的氢最后传递给 NBT，NBT 被还原后，产生蓝紫色的不溶于水的物质以对 LDH 定位。反应式如下：

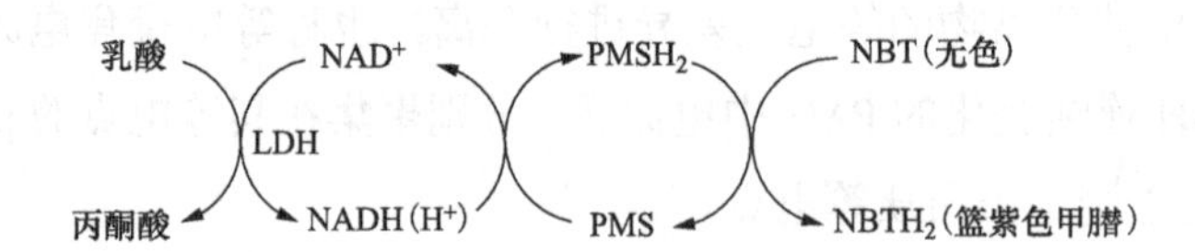

三、操作步骤

1. 安装制胶装置

凝胶模由两块玻璃板（一块长板，一块短板）和一个密封框组成，组装时四周对齐，注意手指勿接触两块玻璃板内侧的灌胶面，注意间隔条的安装。

2. 配制凝胶液

三组按照表中的比例和顺序在小烧杯中配制凝胶溶液，加入 AP 后，立即混匀。

制备连续聚丙烯酰胺凝胶电泳凝胶的配方（见表 5-52-1）：

表 5-52-1

凝胶溶液组成	用　量
A 液 Tris-HCl 缓冲液（含 TEMED）/mL	2.5
B 液 30%凝胶贮液/mL	5
去离子水/mL	12.2
10%AP（最后加）/μL	300

3. 灌胶液

尽快沿玻璃板加入凝胶液至两块玻璃板之间的缝隙中，注意不要有气泡。当凝胶液面距短板上缘 0.3 cm 时，立即轻轻将样品槽模板插入凝胶溶液中。注意样品槽中不要有气泡，凝胶溶液应充满样品槽间隙。制胶装置室温垂直放置，30～60 min 聚合反应完成。

4. 安装电泳槽

胶聚合后，拔起楔形固定板，取出夹有凝胶的玻板，取下凹形密封条，将凹形玻板侧朝内放入电泳槽架，重新用楔形板固定，密封不漏液。每槽取稀释 10 倍的电极缓冲液 350 mL，小心加入负极槽（内槽）约 150 mL，使其浸没过凹形玻板进入样品槽。双手轻轻、垂直、均匀用力拔出样品槽梳子。

5. 加样

小心将微量注射器伸入样品槽底部上方，注意不要扎到凝胶，分别在每个加样槽内按下列顺序和用量慢慢推入蓝色样品液（含蔗糖和少量溴酚蓝），使其沉降到底部形成集中窄的蓝带。每人加四种，见表 5-52-2，两边的槽不加。

表 5-52-2

样品	心肌	脑	骨骼肌	肝
用量	5 μL	10 μL	5 μL	3 μL

6. 电泳

将电泳槽架放入电泳槽内，倒入其余的电极缓冲液至正极槽（外槽），按正负极位置放上电泳槽盖，盖紧，并按正负极连接上电泳仪。用稳压挡将电压调至 80 V，待样品蓝带全部进胶后，调高电压至 150 V，继续电泳，当指示剂溴酚蓝的蓝带泳动至胶底部，并出胶后 30～40 min，关闭电源，停止电泳。前后共 2.5～3 h。

7. 活性染色，脱色

电泳结束后，将凝胶板取下，用薄尺子轻轻将玻璃板撬开，在凝胶下部切角标注凝胶方位，然后将带有凝胶的板反扣过来，胶面朝下，用尺子小心地将凝胶的一角剥离，使凝胶掉入装有活性染色液的培养皿中。轻轻摇动培养皿，使凝胶完全浸泡在染色液中，染色过程注意避光，待大多数条带显现蓝紫色时除去染色液，显色时间一般为 15～30 min。加入脱色液终止酶促反应，摇动 3～5 min，凝胶底色脱去直至背景清亮。

8. 固定

倒去脱色液，加入 15 mL 保存液，浸泡凝胶固定 15 min。另取 2 张玻璃纸也浸泡于保存液中。

四、结果分析

（1）一周后取下“夹心式”干胶板，剪去多余玻璃纸，将干胶片一分为二贴在实验报告上。

（2）对电泳图谱做定性分析，说明各种组织 LDH 同工酶分离情况，条带多少、相对含量差异等。

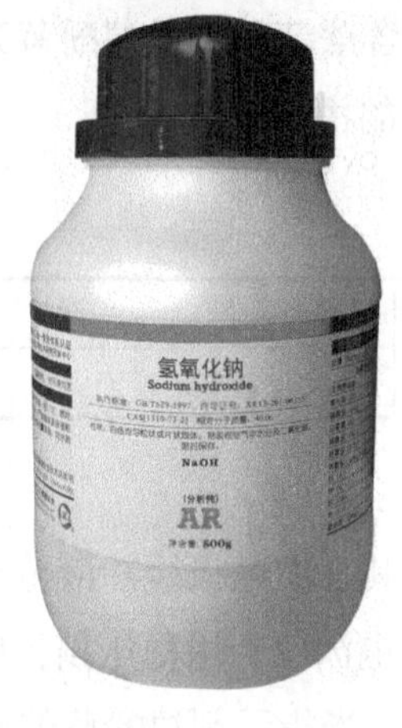

实验五十三　植物过氧化酶活性的测定

一、实验目的

掌握过氧化物酶（POD）活性的测定。

二、实验原理

当植物衰老特别是处于逆境的条件下，植物细胞内活性氧的产生和清除的平衡受到破坏，自由基增加，引发和加剧细胞膜脂过氧化。植物细胞内活性氧自由基清除的方式是多样的。SOD 是植物体内清除活性氧系统的第一道防线，在活性氧的清除系统中发挥着特别重要的作用，处于保护系统的核心位置，其主要功能是清除 O^{2-}，并产生 H_2O_2；而 POD 则主要通过催化 H_2O_2 或其他过氧化物来氧化多种底物。过氧化物酶（POD）活性方法。

三、实验材料、试剂和仪器

KH_2P0_4，磷酸缓冲液，30% H_2O_2，愈创木酚，分光光度计，离心机，天平，秒表，研钵。

四、实验操作步骤

1. 样品的制备

取植物叶片，清洗、晾干后剪碎。称取 1 g 叶片碎片，置于试管中，加入 5 mL 20 mmol/L KH_2PO_4，加入少许石英砂于研钵中研磨成匀浆，用少许蒸馏水清洗研钵，以 4000 r/min 离心 15 min，倾出上清液，保存在冷处备用。

2. 过氧化物酶的测定

（1）取光径 1 cm 比色皿 2 只，于 1 只中加入反应混合液 3 mL（50 mmol/L pH 值为 7.8 的磷酸缓冲液），加入 28 μL 愈创木酚，19 μL 30%（H_2O_2），加 10 μL 粗酶液，1 mL KH_2PO_4 作为校零对照。另 1 只中加入反应混合液 3 mL，上述酶液 1 mL（如酶活性过高可稀释之），立即开启秒表记录时间，于分光光度计上测量吸光度值，每隔 1 min 读数一次，读数于 470 nm 波长下进行。

（2）以每分钟吸光值增加 0.1 作为一个酶活性单位，以 0.1 $\Delta A_{470\ \mathrm{nm}}$/[min · g（鲜重）]表示。

3. 计算

$$过氧化物酶活性=上清液体积\times1000\times\Delta A_{470\ \mathrm{nm}}/（0.1\times10）$$

五、注意事项

（1）反应混合液应在用前配制，现用现配。

（2）样品研磨要充分。

实验五十四 超氧化物歧化酶SOD的分离纯化技术

一、实验原理

通过对绿豆种子的研磨破碎获得SOD粗酶，经过硫酸铵分级分离、透析除盐和浓缩等过程，除去粗酶液中的杂质及干扰蛋白，采用葡聚糖（Sephadex G-100）凝胶层析得到纯化的SOD酶。

二、实验材料与方法

（1）材料：绿豆种子，市售新鲜绿豆种子浸泡蒸馏水24 h备用。

（2）试剂：葡聚糖（SephadexG-100 或 G-150），NaCl（AP），磷酸氢二钠（AP），磷酸二氢钠（AP），三羟甲基氨基甲烷（Tris），盐酸（浓盐酸），硫酸铵（AP），PEG6000，考马斯蓝G250，磷酸，乙醇（AP），牛血清蛋白BSA，连苯三酚（焦性没食子酸），甲硫氨酸（methionine），NBT（氮兰四唑Nitroblue Tetrazdinna），核黄素，EDTA（钠盐），超氧化物歧化酶（sigma公司）。

三、实验仪器

离心机，WFZ-UV2000型紫外分光光度计，201×7（717）强碱性苯乙烯系阴离子交换树脂，匀浆机，各型号烧杯，试管，量筒，带毛塞试管，漏斗，移液枪，移液管，玻璃棒。

四、实验方法和步骤

（1）称量25 g绿豆＋250 mL pH值为7，0.05 mol/L的PB液，匀浆，两层纱布过滤，离心（3000 rpm）15 min，取清液，取少量样为样①。测量SOD活性、蛋白质含量，计算SOD总活性单位及活性单位。

（2）测量所得清液总体积，缓慢倒入40%饱和 $(NH_4)_2SO_4$ 至浓度为19.4 g/100 mL，4℃冰箱静置分层。

（3）离心（3000 rpm）后取清液，取少量为样②，测量SOD活性、蛋白质含量，计算SOD总活性单位及活性单位。

（4）往步骤（3）中的清液中缓慢加入硫酸铵至75%饱和度（8.7 g/100 mL）（过程充分搅拌），5℃至分层，离心（3000 rpm）后取沉淀，取样为样③，计算SOD总活性单位及活性单位。

（5）装入透析袋中，于蒸馏水中5℃透析过夜。

（6）透析后溶液用滤纸过滤得清液，重新装入透析袋中用PEG浓缩。

（7）装柱：

排气泡，加蒸馏水，留15%体积水。

100 mL G-100一次装完。

静置10 min，打开出液口，排过量洗脱剂。

保留离胶面2～3 cm，接洗脱瓶，平衡30 min，理想流速。

注意：①胶面始终保持水层；②洗脱瓶：pH 值为 7，0.02 mol/L PB。

（8）层析过程。

第一步：①样品浓缩液离心过滤体积 31 mL。

第二步：取④②5%上样量 2～3 mol。

第三步：洗脱瓶，1 mL/min，3 mL/支，共收集 100～120 mL。

第四步：分别测：

1）$A_{280\,\mathrm{nm}}$值。

2）SOD 活性（粗略）20 支管，每支 3 mL。

3）搜集活性峰并测酶活性。

（9）比活力、得率及纯化倍数计算：

SOD 的比活力按下面公式计算：

$$\text{SOD的比活力(U/mg)}=\frac{\text{SOD酶液活力(U/mL)}}{\text{酶液蛋白含量(mg/mL)}}$$

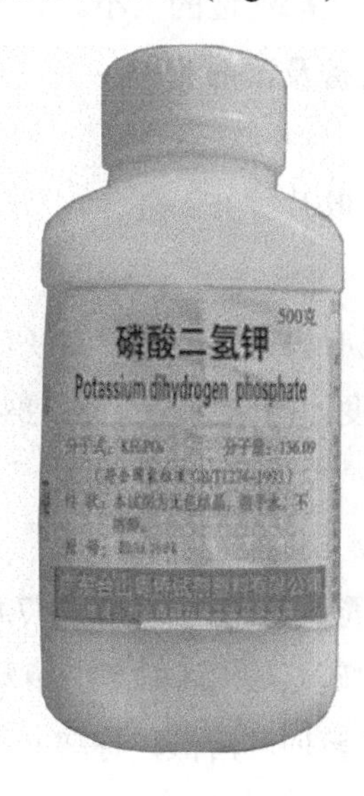

实验五十五　超氧化物歧化酶活性测定

一、实验原理

超氧化物歧化酶（superoxide dismutase，SOD）普遍存在动、植物的体内，是一种清除超氧阴离子自由基的酶。它催化下面的反应：

$$O^{2-}+H^{+}\longrightarrow H_2O_2+O_2$$

反应产物 H_2O 可由过氧化氢酶进一步分解或被过氧化物酶利用。超氧化物歧化酶抑制氮蓝四唑（NBT）在光下的还原作用来确定酶活性的大小。在有氧化物质存在下，核黄素可被光还原，被还原的核黄素在有氧条件下极易被氧化而产生超氧阴离子，超氧阴离子可将氮蓝四唑还原为蓝色的甲腙，后者在 560 nm 波长处有最大吸收。而 SOD 可清除超氧阴离子，从而抑制了甲腙的形成。于是光还原反应后，反应液蓝色越深，说明酶的活性越低，反之酶的活性越高。据此可计算出酶活性的大小。

二、材料、仪器设备及试剂

1. 材料

植物器官（花瓣、叶片等）。

2. 仪器设备

冰箱；低温高速离心机；微量加样器（1 mL、20 μL、100 μL），移液管；精密电子天平；UV-752 型紫外分光光度计；试管；研钵；剪刀；镊子；荧光灯（反应试管处照度为 4000 lux 或 lx）。

3. 试剂

（1）0.05 mol/L 磷酸缓冲液（pH 值为 7.8）。

（2）130 mmol/L 甲硫氨酸（Met）溶液：称取 1.9399 g Met，用磷酸缓冲液定容至 100 mL。

（3）750 μmol/L 氮蓝四唑溶液：称取 0.06133 g NBT，用磷酸缓冲液定容至 100 mL，避光保存。

（4）100 μmol/L EDTA-Na_2 溶液：称取 0.03721 g EDTA-Na_2，用磷酸缓冲液定容 1000 mL。

（5）20 μmol/L 核黄素溶液：称取 0.0753 g 核黄素，用蒸馏水定容至 1000 mL，避光保存。

三、试验步骤

1. 酶液的提取

称取 0.2 g 植物材料（去叶脉），加 1 mL 预冷的磷酸缓冲液在冰浴上研磨成浆，加缓冲液使体积为 5 mL。取 2 mL 于 1000 r/min 下离心 20 min，上清液即为 SOD 粗提液。

2. 显色反应

取 5 mL 的试管（要求透明度好）若干，有对照、处理。按表 5-55-1 加样：

表 5-55-1

试剂（酶）	用量/mL	终浓度/比色时
0.05 mol/L 磷酸缓冲液	1.5	
130 mmol/L Met 溶液	0.3	13 mmol/L
750 μmol/L NBT 溶液	0.3	75 μmol/L
100 μmol/L EDTA-Na_2 溶液	0.3	10 μmol/L
20 μmol/L 核黄素	0.3	2.0 μmol/L
酶液	0.05	对照液用缓冲液
蒸馏水	0.25	
总体积	3.0	

混合后将一支对照管置于暗处，其他各管于 4000 lx 日光下反应 20 min。待反应结束后，以不照光的对照管做空白，分别测定其他管的吸光度。

3. 计算酶活力

已知 SOD 活力单位以抑制氮蓝四唑光还原的 50%为一个酶活力单位表示，按下式计算 SOD 活性。

$$\text{SOD 总活力}=[(\text{ACK}-\text{AE})\times V]/(0.5\times \text{ACK}\times W\times V_t)$$

$$\text{SOD 比活力}=\text{SOD 总活力}/\text{蛋白质含量}$$

式中，SOD 总活力以鲜重酶单位每克表示；比活力单位以酶单位每毫克蛋白表示；ACK 为照光对照管的吸光值；AE 为样品管的吸光度；蛋白质含量单位为 mg/g；V 为样品液总体积，mL；V_t 为测定时样品用量，mL；W 为样品鲜重，g。

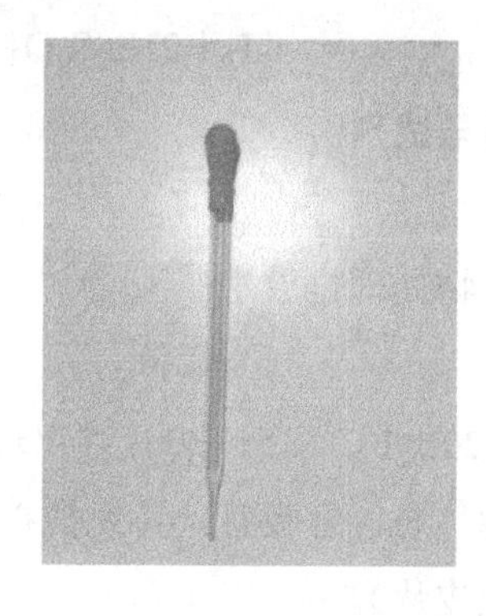

实验五十六　生化需氧量（BOD_5）的测定

一、实验目的

（1）掌握稀释法测定 BOD_5 的原理和方法。

（2）掌握碘量法测定水中溶解氧含量的原理和方法。

二、实验原理

生化需氧量是指在规定的条件下，微生物分解水中的某些可氧化的物质，特别是分解有机物的生物化学过程消耗的溶解氧。

稀释法测定 BOD_5 是将水样经过适当稀释后，使其中含有足够的溶解氧供微生物 5 d 生化需氧的要求，将此水样分成两份，一份测定培养前的溶解氧，另一份放入 20℃恒温箱内培养 5 d 后测定溶解氧，两者的差值即为 BOD_5。

测定水中的溶解氧是利用硫酸锰在碱性溶液中生成二价锰的氢氧化物，二价锰的氢氧化物被水中溶解氧氧化成四价锰，并生成氢氧化物沉淀，而在酸性溶液中，氢氧化物沉淀生成四价锰化合物，其将 KI 氧化而析出 I_2。析出 I_2 的摩尔数与水中溶解氧的当量数相等，因此可用硫代硫酸钠的标准溶液滴定。根据硫代硫酸钠的用量，计算出水中溶解氧的含量。其反应式如下：

$$MnSO_4+2NaOH\longrightarrow Mn(OH)_2\downarrow\text{（白色）}+Na_2SO_4$$

$$2Mn(OH)_2+O_2\longrightarrow 2MnO(OH)_2\downarrow\text{（棕色）}$$

$$MnO(OH)_2+2H_2SO_4\longrightarrow Mn(SO_4)_2+3H_2O$$

$$Mn(SO_4)_2+2KI\longrightarrow MnSO_4+I_2+K_2SO_4$$

$$I_2+2Na_2S_2O_3\longrightarrow 2NaI+Na_2S_4O_6$$

三、实验器材与试剂

1．样品

污水处理厂生物处理排放水。

2．器材

恒温培养箱（20±1℃），5～20 L 细口玻璃瓶，碘量瓶，移液管，滴定管，1000～2000 mL 量筒，容量瓶，抽气泵，虹吸管，特制搅拌棒（在玻璃棒下端安装一个 2 mm 厚，大小和量筒相匹配的有孔橡皮片）。

3．试剂

K_2HPO_4，KH_2PO_4，$Na_2HPO_4\cdot 7H_2O$，NH_4Cl，$MgSO_4\cdot 7H_2O$，$CaCl_2$，$FeCl_3\cdot 6H_2O$，HCl，NaOH，$MnSO_4\cdot 4H_2O$，KI，$K_2Cr_2O_7$，H_2SO_4，Na_2CO_3，可溶性淀粉，pH 试纸。

（1）磷酸盐缓冲溶液：将 0.85 g KH_2PO_4、2.175 g K_2HPO_4、3.34 g $Na_2HPO_4\cdot 7H_2O$ 和 0.17 g NH_4Cl 溶于一定量的蒸馏水中，定容至 100 mL。此溶液的 pH 值应为 7.2。

（2）$MgSO_4$溶液：将 2.25 g $MgSO_4 \cdot 7H_2O$ 溶于一定量的蒸馏水中，定容至 100 mL。

（3）$CaCl_2$溶液：将 2.75 g $CaCl_2$溶于一定量的蒸馏水中，定容至 100 mL。

（4）$FeCl_3$溶液：将 0.13 g $FeCl_3 \cdot 6H_2O$ 溶于一定量的蒸馏水中，定容至 500 mL。

（5）0.5 mol/L HCl 溶液：将 4 mL（ρ=1.18 g/mL）HCl 溶于一定量的蒸馏水中，定容至 100 mL。

（6）0.5 mol/L NaOH 溶液：将 2 g NaOH 溶于一定量的蒸馏水中，定容至 100 mL。

（7）$MnSO_4$溶液：称取 48 g $MnSO_4 \cdot 4H_2O$ 溶于 30～40 mL 蒸馏水中，若有不溶物，应过滤，定容至 100 mL。

（8）碱性 KI 溶液：称取 50 g NaOH 溶于 30～40 mL 蒸馏水中，冷却；另称取 15 g KI 溶于 20 mL 蒸馏水中；将两种溶液混合均匀，并定容至 100 mL。如有沉淀，则放置过夜后，倾出上清液，贮于棕色瓶内，用橡皮塞塞紧，避光保存。此溶液酸化后，遇淀粉应不呈蓝色。

（9）1%淀粉溶液：称取 1 g 可溶性淀粉，用少量水调成糊状，然后加入刚煮沸的 100 mL 水（也可加热 1～2 min）。冷却后加入 0.1 g 水杨酸或 0.4 氯化锌防腐。

（10）$K_2Cr_2O_7$标准溶液（1/6 $K_2Cr_2O_7$=0.025 mol/L）：称取 1.2258 g 在 105～110℃烘干 2 h 的 $K_2Cr_2O_7$，溶解后转入 1000 mL 容量瓶内，用水稀释至刻度，摇匀。

（11）（1+5）H_2SO_4：将 1 份体积的 H_2SO_4，慢慢滴加到 5 份体积的水中，边滴加边搅拌。

（12）0.025 mol/L $Na_2S_2O_3$ 溶液：称取 6.25g $Na_2S_2O_3 \cdot 5H_2O$，溶于经煮沸冷却的水中，加入 0.2 g Na_2CO_3，稀释至 1000 mL，储于棕色试剂瓶内，使用前用 0.0250 mol/L $K_2Cr_2O_7$ 标准溶液标定。

四、实验步骤

1. 水样的采集、存储和预处理

采集水样于适当大小的玻璃瓶中（根据水质情况而定），用玻璃塞塞紧，且不留气泡。采样后，需在 2 h 内测定；否则，应在 4℃或 4℃以下保存，且应在采集后 10 h 内测定。

水样的 pH 值若超出 6.5～7.5 范围，可用 0.5 mol/L NaOH 溶液或 0.5 mol/L HCl 溶液调节 pH 值至近于 7，但用量不要超过水样体积的 0.5%。若水样的酸度或碱度很高，可改用高浓度的碱或酸进行调节中和。

2. 稀释水的制备

在 5～20 L 玻璃瓶内装入一定量的水，控制水温在 20℃左右。然后用无油空气压缩机或薄膜泵，将此水曝气 2～8 h，使水中的溶解氧接近饱和，也可以鼓入适量纯氧。瓶口盖以两层经洗涤晾干的纱布，置于 20℃培养箱内放置数小时，使水中的溶解氧量达到 8 mg/L。临用前向每升水中加入 $CaCl_2$ 溶液、$FeCl_3$ 溶液、$MgSO_4$ 溶液、磷酸盐缓冲溶液各 1 mL，并混合均匀。稀释水的 pH 值应为 7.2，其 BOD_5 应小于 0.2 mg/L。

3. 水样的稀释及分装

根据确定的稀释倍数，用虹吸法沿筒壁先引入部分稀释水于 1000 mL 量筒中，然后加入所需水样，再引入稀释水（或接种稀释水）至1000 mL，用带胶板的玻璃棒小心上下搅匀。搅拌时勿使玻璃棒的胶板露出水面，防止产生气泡。

将稀释好的水样沿瓶壁慢慢倒入两个预先编号、体积相同的碘量瓶中，直到充满后溢出少许为止，盖严并水封，注意瓶内不能有气泡。另取两个有编号的相同的碘量瓶用同样的方法加入稀释水作为空白对照。

4. 培养

各取一瓶稀释的水样、稀释水空白，放入20℃的培养箱内培养5 d，培养过程中需每天添加封口水。

5. 溶解氧的测定

采用碘量法分别测定培养前后水样及稀释水空白的溶解氧的值。测定方法如下：

（1）取下瓶塞，立即用移液管加入1 mL $MnSO_4$ 溶液。加注时，应将吸量管插入液面下约10 mm，切勿将移液管中的空气注入瓶中。以同样的方法加入2 mL 碱性KI溶液，盖上瓶塞，注意瓶内不能留有气泡。然后将碘量瓶颠倒混合3次，静置。待生成的棕色沉淀物下降至瓶高一半时，再颠倒混合均匀，继续静置。待沉淀物下降至瓶底后，轻启瓶塞，立即用移液管插入液面以下加入2 mL（1+5）硫酸。小心盖好瓶塞颠倒摇匀，此时沉淀应溶解；若溶解不完全，可再加入少量（1+5）硫酸溶液至溶液澄清且呈黄色或棕色（因析出游离碘）。置于暗处反应5 min。

（2）从碘量瓶内取出2份50.0 mL水样，分别置于2个250 mL锥形瓶中，用 $Na_2S_2O_3$ 溶液滴定至溶液呈淡黄色时，加入1%淀粉溶液1 mL，继续滴定至蓝色刚好消失为止，即为终点，记录 $Na_2S_2O_3$ 用量。

6. 计算

（1）溶解氧浓度的计算

$$\text{溶解氧浓度} = C_1 \times V_1 \times 8 \times 1000 / V_2$$

式中 C_1——$Na_2S_2O_3$ 溶液的浓度，mol/L；

V_1——消耗的 $Na_2S_2O_3$ 溶液的体积，mL；

8——氧的摩尔质量，1/2，g/mol；

V_2——水样的体积，mL。

（2）BOD_5 的计算

$$BOD_5\,(mg/L) = [(C_2 - C_3) - (B_1 - B_2) \times f_1] / f_2$$

式中 C_2——水样在培养前的溶解氧浓度，mg/L；

C_3——水样经5天培养后，剩余溶解氧浓度，mg/L；

B_1——稀释水培养前的溶解氧浓度，mg/L；

B_2——稀释水培养后的溶解氧浓度，mg/L；

f_1——稀释水在培养液中所占比例；

f_2——水样在培养液中所占比例。

五、思考题

测定 BOD 的方法有哪些？

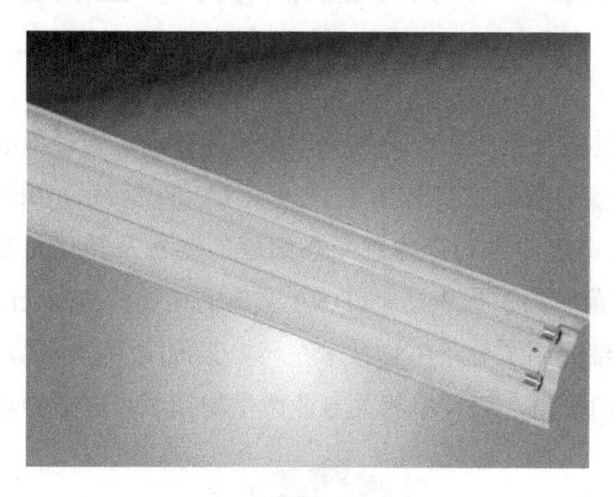

第六章 环境专业常用分子生物技术

本章主要介绍的是针对环境相关专业的分子微生物技术，包括凝胶的制备及电泳技术，普通 PCR 及产物纯化，实时荧光定量 PCR 技术及 RNA 的逆转录，质粒的限制性内切酶消化及其与目标基因的体外重组，大肠杆菌感受态细胞的制备及转化，重组 DNA 的蓝白斑筛选，外源基因在大肠杆菌中的诱导表达，cDNA 文库的构建，Southern 杂交，Northern 杂交和 Western 杂交等。详细介绍了分子生物技术在环境工程微生物学领域中的研究应用，获得在分子生物学科中的应用价值，对环境相关专业微生物领域具有指导意义。

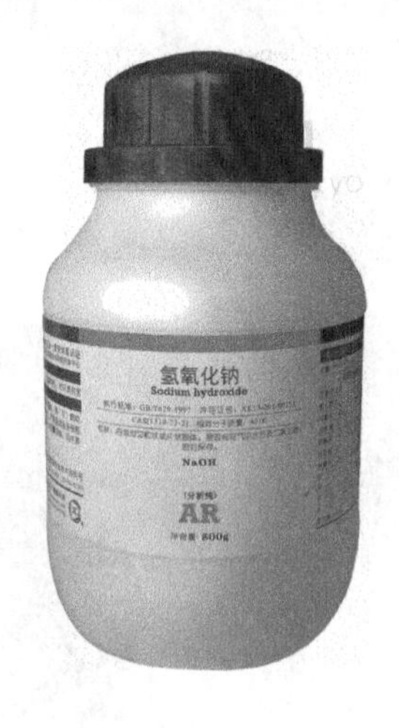

实验五十七　凝胶的制备及电泳技术

一、实验原理

凝胶电泳的原理比较简单。当一种分子被放置在电场当中时，它们就会以一定的速度移向适当的电极，这种电泳分子在电场作用下的迁移速度，称作电泳的迁移率。它与电场的强度和电泳分子本身所携带的净电荷数呈正比。也就是说，电场强度越大，电泳分子所携带的净电荷数量越多，其迁移的速度也就越快，反之则较慢。由于在电泳中使用了一种无反应活性的稳定的支持介质，如琼脂糖凝胶和聚丙烯酰胺胶等，从而降低了对流运动，故电泳的迁移率又是与分子的摩擦系数呈反比的。已知摩擦系数是分子的大小、极性及介质黏度的函数，因此根据分子大小的不同、构成或形状的差异，以及所带的净电荷的多少，便可以通过电泳将蛋白质或核酸分子混合物中的各种成分彼此分离开来。在生理条件下，核酸分子的糖—磷酸骨架中的磷酸基团呈离子状态，从这种意义上讲，DNA 和 RNA 多核苷酸链可称作多聚阴离子（Polyanions）。因此，当核酸分子被放置在电场中时，它们就会向正电极的方向迁移。由于糖—磷酸骨架结构上的重复性质，相同数量的双链 DNA 几乎具有等量的净电荷，因而它们能以同样的速度向正电极方向迁移。在一定的电场强度下，DNA 分子的这种迁移速度，即电泳的迁移率，取决于核酸分子本身的大小和构造类型，分子量较小的 DNA 分子比分子量较大的 DNA 分子迁移要快些。这就是应用凝胶电泳技术分离 DNA 片段的基本原理。

二、实验步骤

（1）玻璃板处理。用去污剂和清水将玻璃板洗涤干净，并用去离子水冲洗，最后用 95%乙醇擦拭、干燥；取 0.4 mm 的边条，置于左右两侧，将短板压于其上，用夹子固定，插好梳子，准备灌胶。

（2）制备凝胶。配置 100 mL 6%的变性聚丙烯酰胺凝胶：加入 15 mL 40%丙烯酰胺 、42 g 尿素、20.0 mL 5×TBE 、0.45 mL 10%过硫酸铵，0.1 mL TEMED，用蒸馏水定容到 100 mL，充分混匀。

（3）灌胶。用注射器吸取上述溶液，排除针管内的空气，将注射器嘴插入两块玻璃板的空隙处，把溶液注入其中，避免产生气泡。把玻璃板斜靠在试管架上，可减少泄漏和凝胶的变形。立即插入梳子，避免梳齿下产生气泡。让丙烯酰胺于室温下聚合 1 h。聚合好的凝胶可在使用前贮放 1～2 d，需用 1×TBE 浸湿的纸巾包住梳子及凝胶顶端，再用保鲜膜包好，贮于 4℃。

（4）预电泳。胶聚合以后，将玻璃板安装在电泳仪上，电泳槽中加入足量的 1×TBE 缓冲液。小心移去梳子，用蒸馏水清洗加样孔，80 W 恒功率预电泳 30 min，以去除气泡。

（5）点样。把 DNA 样品与适量 6 ×凝胶加样缓冲液混合，95℃变性 5 min，立即置于冰上冷却待用，每个加样孔加 5～8 μL 样品 DNA。

（6）电泳。用 70～80 W 恒功率电泳，溴酚蓝至胶的 3/4 处时，终止电泳。

银染检测：

（1）固定（脱色）。在托盘 1 中加入 1.5 L 固定/终止液，将有胶的玻璃板放入托盘中，轻摇直到胶全部脱色；也可将胶在溶液中浸泡过夜（不摇动）。再将溶液回收待用。

（2）洗胶。在托盘 2 中用 1.5 L 蒸馏水洗凝胶 3 次，每次 3 min。在将玻璃板取出时，让玻璃板竖直滴干水 10～20 s。

（3）染色。在托盘 3 内加入 1.5 L 染色液，将胶板放入托盘中轻摇 30 min。

（4）洗胶。将胶浸入托盘 2 中，快速摇晃数秒，拿出，滴干水，立即将胶置于配制好的显色液中。注意，从将胶置于水中到将其放入显色液中，时间不超过 5～10 s。

（5）显影。轻摇显色液，直至胶上所有的条带都出现。

（6）定影（终止显色）。将回收的固定/终止液倒入显色液中，反应 2～3 min。

（7）洗胶。将胶板用蒸馏水洗 2 次，每次 2 min。

（8）干胶。室温下自然干燥。

（9）条带观察和记录：给胶板拍照，也可干燥后永久保存。

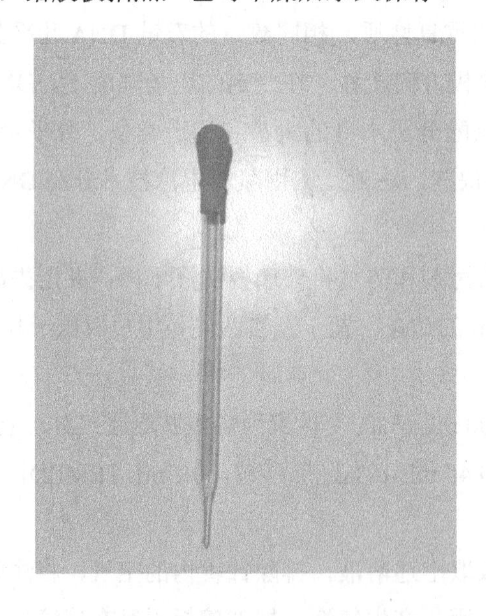

实验五十八　普通 PCR 及产物纯化

一、实验目的

通过本实验学习 PCR 产物纯化的原理与实验技术，为后续的连接反应和转化反应打下良好的基础。

二、实验原理

本实验采用了 Takara 公司的 Agarose Gel DNA PurificationKit 试剂盒。该试剂盒采用了独特的凝胶融解系统，结合 DNA 制备膜技术，具有高效、快速、方便的特点，全套操作只需 30 min 便可完成。回收纯化的 DNA 片段纯度高，完整性好，可直接用于连接反应、PCR 扩增、DNA 测序等各种分子生物学实验。

三、仪器与试剂

1. 实验仪器

琼脂糖凝胶电泳系统，紫外观察分析仪（波长 302 nm），离心机（Eppendoff），单面刀片。

2. 试剂

（1）TaKaRa Agarose Gel DNA Purification Kit Ver.2.0；

（2）50×TAE；

（3）ddH_2O。

四、实验步骤

（1）使用 1×TAE 缓冲液制作琼脂糖凝胶，然后对目的 DNA 进行琼脂糖凝胶电泳。

（2）在紫外灯下切出含有目的 DNA 的琼脂糖凝胶，用纸巾吸尽凝胶表面的液体，此时应注意尽量切除不含目的 DNA 部分的凝胶，尽量减少凝胶体积，提高 DNA 回收率。

（3）称量胶块重量，计算胶块体积。计算胶块体积时，以 1 mg＝1 μL 进行计算。

（4）往胶块中加入胶块融化液 DR→IBuffer，DR→IBuffer 的加量见表 6-58-1，切胶时请注意不要将 DNA 长时间暴露于紫外灯下，以防止 DNA 损伤。

表 6-58-1

凝 胶 浓 度	DR-IBuffer 使用量
1.0%	3 个凝胶体积量
1.0%～1.5%	4 个凝胶体积量
1.5%～2.0%	5 个凝胶体积量

（5）均匀混合后，75℃加热融化胶块。间断振荡混合，使胶块充分融化（6～10 min）。

注：胶块一定要充分融化，否则将会严重影响 DNA 的回收率。

（6）往上述胶块融化液中加入 DR→IIBuffe（体积为 DR-IBuffer 的 1/2），均匀混合。

（7）将试剂盒中的 Spin Column（旋转柱）按置于 Collection Tube（收集管）上。

（8）将上述操作（6）的溶液转移至 Spin Column 中，3600 rpm 离心 1 min，弃滤液。

注：如将滤液再加入 Spin Column 中离心一次，可以提高 DNA 的回收率。

（9）将 500 pL 的 Rinse A 加入 Spin Column 中，3600 rpm 离心 30 s，弃滤液。

（10）将 700 μL 的 Rinse B 加入 Spin Column 中，8600 rpm 离心 30 s，弃滤液。

（11）重复操作步骤 10，然后 12 000 rpm 再离心 1 min。

（12）将 Spin Column 安置于新的 1.5 mL 的离心管上，在 Spin Column 膜的中央处加 25 μL 的水，室温静置 1 min。

注：把水加热至 60℃，使用时有利于提高洗脱液效率。

（13）12 000 rpm 离心 1 min，洗脱 DNA。

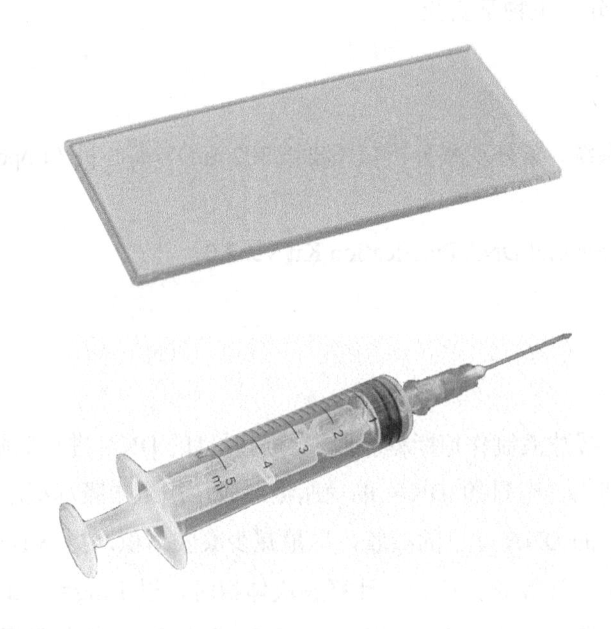

实验五十九　实时荧光定量PCR技术

一、实验原理

实时荧光定量PCR（QuantitativeReal-timePCR）是一种在DNA扩增反应中，以荧光化学物质测每次聚合酶链式反应（PCR）循环后产物总量的方法。通过内参或者外参法对待测样品中的特定DNA序列进行定量分析的方法。

所谓实时荧光定量PCR技术，是指在PCR反应体系中加入荧光基团，利用荧光信号积累实时监测整个PCR进程，最后通过标准曲线对未知模板进行定量分析的方法。

二、检测方法

1. SYBRGreen Ⅰ法

在PCR反应体系中，加入过量SYBR荧光染料，SYBR荧光染料特异性地掺入DNA双链后，发射荧光信号，而不掺入链中的SYBR染料分子不会发射任何荧光信号，从而保证荧光信号的增加与PCR产物的增加完全同步。

SYBR定量PCR扩增荧光曲线图。

PCR产物熔解曲线图（单一峰图表明PCR扩增产物的单一性）。

2. TaqMan探针法

探针完整时，报告基团发射的荧光信号被淬灭基团吸收；PCR扩增时，Taq酶的5'→3'外切酶活性将探针酶切降解，使报告荧光基团和淬灭荧光基团分离，从而荧光监测系统可接收到荧光信号，即每扩增一条DNA链，就有一个荧光分子形成，实现了荧光信号的累积与PCR产物的形成完全同步。

两种检测方法对比见表6-59-1。

表6-59-1

化学试剂	工作原理	有否淬灭剂	信号检测阶段
SYBR Green Ⅰ	结合于双链DNA的小沟中	否	延伸
TaqMan	水解型杂交探针（5'-3'外切）	有	任何步骤

实验六十　RNA 的逆转录及其 PCR 技术

逆转录（reversetranscription）是以 RNA 为模板合成 DNA 的过程，即 RNA 指导下的 DNA 合成。此过程中，核酸合成与转录（DNA 到 RNA）过程与遗传信息的流动方向（RNA 到 DNA）相反，故称为逆转录。逆转录过程是 RNA 病毒的复制形式之一，需逆转录酶的催化。逆转录过程的揭示是分子生物学研究中的重大发现，是对中心法则的重要修正和补充。人们通过体外模拟该过程，以样本中提取的 mRNA 为模板，在逆转录酶的作用下，合成出互补的 cDNA（complementaryDNA），构建 cDNA 文库，并从中筛选特异的目的基因。该方法已成为基因工程技术中最常用的获得目的基因的策略之一。

逆转录与反转录严格意义上来说没有什么区别，但是逆转录是 RNA 类病毒自主行为，在整合到宿主细胞内以 RNA 为模板形成 DNA 的过程；反转录是进行基因工程过程中，人为地提取出所需要的目的基因的信使 RNA，并以之为模板人工合成 DNA 的过程。二者虽同为 RNA→DNA 的过程，但地点不同，相对来说，逆转录在体内，反转录在体外。

逆转录过程由逆转录酶催化。该酶也称依赖 RNA 的 DNA 聚合酶（RDDP），即以 RNA 为模板催化 DNA 链的合成。合成的 DNA 链称为与 RNA 互补。

逆转录酶存在于一些 RNA 病毒中，可能与病毒的恶性转化有关。人类免疫缺陷病毒（HIV）也是一种 RNA 病毒，含有逆转录酶。在小鼠及人的正常细胞和胚胎细胞中也有逆转录酶，推测可能与细胞分化和胚胎发育有关。

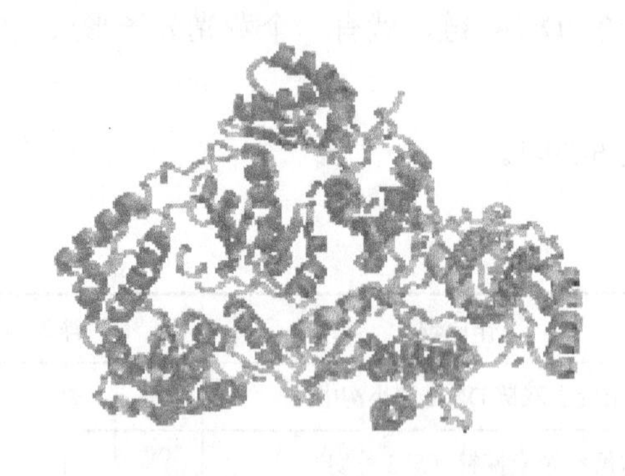

逆转录酶与大多数反转录酶都具有多种酶活性，主要包括以下几种活性。

（1）DNA 聚合酶活性。以 RNA 为模板，催化 dNTP 聚合成 DNA 的过程。此酶需要 RNA 为引物，多为赖氨酸的 tRNA，在引物 tRNA3'-末端以 5'→3'方向合成 DNA。反转录酶中不具有 3'→5'外切酶活性，因此没有校正功能，所以由反转录酶催化合成的 DNA 出错率比较高。

（2）RNaseH 活性。由反转录酶催化合成的 cDNA 与模板 RNA 形成的杂交分子，将由 RNaseH 从 RNA5'端水解掉 RNA 分子。

（3）DNA 指导的 DNA 聚合酶活性。以反转录合成的第一条 DNA 单链为模板，以 dNTP

为底物，再合成第二条 DNA 分子。

除此之外，有些逆转录酶还有 DNA 内切酶活性，这可能与病毒基因整合到宿主细胞染色体 DNA 中有关。逆转录酶的发现对遗传工程技术起了很大的推动作用，它已成为一种重要的工具酶。用组织细胞提取 mRNA 并以它为模板，在逆转录酶的作用下，合成出互补的 cDNA。由此可构建出 cDNA 文库（cDNAlibrary），从中筛选特异的目的基因。这是在基因工程技术中最常用的获得目的基因的方法。

一、实验目的

（1）了解用逆转录 PCR 法获取目的基因的原理。

（2）学习和掌握逆转录 PCR 的技术和方法。

二、实验原理

聚合酶链式反应（PCR）过程利用模板变性，引物退火和引物延伸的多次循环来扩增 DNA 序列。因为上一轮的扩增产物又作为下一轮扩增的模板，是一个指数增长的过程，故其成为检测核酸和克隆基因的一种非常灵敏的技术。一般经 25～35 轮循环就可使模板 DNA 扩增达 106 倍。RT-PCR 将以 FNA 为模板的 cDNA 合成[即 RNA 的反转录(reversetranscription, RT)]，同 cDNA 的 PCR 结合在一起的技术，提供了一种基因表达检测和 cDNA 克隆的快速灵敏的方法。因 cDNA 包括了编码蛋白的完整序列而且不含内含子，只要略经改造便可直接用于基因工程表达和功能研究，故 RT-PCR 成为目前获得目的基因的一种重要手段。

RT-PCR 技术灵敏而且用途广泛，可用于检测细胞中基因表达水平、表达差异，细胞中 RNA 病毒的含量和直接克隆特定基因的 cDNA 序列。RT-PCR 比其他包括 Northern 印迹、RNase 保护分析、原位杂交及 s1 核酸酶分析在内的 RNA 分析技术更灵敏，更易于操作。

RT-PCR 的基本原理。首先是在逆转录酶的作用下由 RNA 合成 cDNA，即总 RNA 中的 mRNA 在体外被反向转录合成 DNA 拷贝，因为拷贝 DNA 的核苷酸序列完全互补于模板 mRNA，称为互补 DNA（cDNA）；然后再利用 DNA 聚合酶，以 cDNA 第一链为模板，以四种脱氧核苷三磷酸（dNTP）为材料，在引物的引导下复制出大量的 cDNA 或目的片段。RT-PCR 可以一步法或两步法的形式进行。两步法 RT-PCR 比较常见，在使用一个样品检测或克隆多个基因的 mRNA 时比较有用。在两步法 RT-PCR 中，每一步都在最佳条件下进行。cDNA 的合成首先在逆转录缓冲液中进行，然后取出 1/10 的反应产物进行 PCR。而一步法 RT-PCR 具有其他优点，cDNA 合成和扩增反应在同一管中进行，不需要开盖和转移，有助于减少污染。还可以得到更高的灵敏度，最低可以达到 0.1 pg 总 RNA，因为整个 cDNA 样品都被扩增。对于成功的一步法 RT-PCR，一般使用基因特异性引物（GSP）起始 cDNA 的合成。随机引物法是三种方法中特异性最低的。引物在整个转录本的多个位点退火，产生短的、部分长度的 cDNA。这种方法经常用于获取 5'末端序列及从带有二级结构区域或带有逆转录酶不能复制的终止位点的 RNA 模板获得 cDNA。为了获得最长的 cDNA，需要按经验确定每个 RNA 样品中引物与 RNA 的比例。随机引物的起始浓度范围为 50～250 ng 每 20 μL 反应体系。因为使用随机引物从总 RNA 合成的 cDNA 主要是核糖体 RNA，所以模板一般选用 po1y（A）＋RNA。Oligo（dT）起始比随机引物特异性高。它同大多数真核细胞 mRNA3'端所发现的 poly（A）尾杂交。因为 poly（A）＋RNA 大概占总 RNA 的 1%～2%，所以与使用随机引物相比，cDNA 的数量和复杂度要少得多。因为其较高的特异性，Oligo（dT）一般不需要对 RNA 和引物的比例及 po1y（A）＋选择进行优化。

基因特异性引物（GSP）对于逆转录步骤是特异性最好的引物。GSP 是反义寡聚核苷，可以特异性地同 RNA 目的序列杂交，而不像随机引物或 Oligo（dT）那样同所有 RNA 退火。用于设计 PCR 引物的规则同样适用于逆转录反应 GSP 的设计。GSP 可以同与 mRNA3'最末端退火的扩增引物序列相同，或 GSP 可以设计为与反向扩增引物的下游退火。

已经制备好的双链 cDNA 和一般 DNA 一样，可以插入质粒或噬菌体中，为此，首先必须有适当的接头（Linker），接头可以是在 PCR 引物上增加限制性内切酶识别位点片段，经 PCR 扩增后再克隆入相应的载体；也可以利用末端转移酶在载体和双链 cDNA 的末端接上一段寡聚 dG 和 dC，或 dT 和 dA 尾巴，退火后形成重组质粒，并转化到宿主菌中进行扩增。

本实验是要从小鼠肝脏组织中获取 Fas 配体基因，Fas 配体（FasL）是一种分子量约为 40 u 的Ⅱ型跨膜糖蛋白，属 TNF 家族成员。活化的 T 细胞可表达 Fas 和 FasL，并通过 Fas、FasL 系统介导细胞凋亡作用，保持机体免疫系统的自稳态。近年研究发现，在部分癌细胞中 FasL 表达增强，并与肿瘤的复发转移有关。我们采用 RT-PCR 方法克隆 FasL 全长 cDNA 并构建其表达载体，可以为进一步研究 FasL 的功能提供条件。在上下游引物的 5'端分别加上了限制酶切位点及其保护碱基（即 HindIII和 BamHⅠ），以便可以通过双酶切将目的片段定向地克隆到原核表达载体 pGFPUv 上。

为了便于后续实验可以用金属螯合层析的方法分离和纯化目的蛋白，我们改造 pGFPUv，在其上加了 6×His 标签。

（一）总 RNA 的提取

1. 仪器及试剂

仪器：低温高速离心机；紫外分光光度计；高精度加样器及枪头：0. 5～ 10 μL、20～ 200 μL、200～ 1000 μL；EP 管等。

试剂：总 RNA 提取试剂盒，氯仿，无水乙醇等。

样品：小鼠外周血或单个核细胞等。

2. 实验步骤（准备工作: RD 和 RW 加无水乙醇）

（1）细胞悬液：离心弃上清液，5×10^6～10×10^6细胞加 RZ 1 mL（新鲜血液：0. 25 mL 血＋0. 75 mL RZ 裂解液），室温放置 5 min；

（2）加 200 μL 氯仿，振荡 15 s，混匀，室温放置 3 min；

（3）4℃ 12000 rpm 离心 10 min，上层水相层转移至新管（无 RNase）中；

（4）加 0.5 倍体积（500 μL）无水乙醇，混匀；

（5）上柱，4℃ 12000 rpm 离心 30 s，弃废液；

（6）加 500 μL RD，4℃ 12000 rpm 离心 30 s，弃废液；

（7）加 600 μL RW，室温放置 2 min，4℃ 12000 rpm 离心 30 s，弃废液；

（8）重复上一步；

（9）换新收集管，4℃ 12000 rpm 离心 2 min，弃废液；

（10）换新收集管，加 30～100 μL RNase-free ddH_2O，室温放置 2 min，4℃ 12000 rpm 离心 2 min；

（11）浓度及纯度检测；

（12）保存在－70℃环境中。

（二）总 RNA 逆转录成 cDNA

1. 仪器及试剂

仪器：低温高速离心机；高精度加样器及枪头：0.5～10 μL、20～200 μL、200～1000 μL；EP 管。

试剂：RevertAid^{TM}First Strand cDNA Synthesis Kit。

样品：小鼠总 RNA。

2. 实验步骤

（1）冰上充分溶解逆转录试剂盒中的相关试剂和 RNA。

（2）取 PCR 管，冰上依次加入以下试剂：

1）Oligo（dT），1 μL；

2）总 RNA 0.1 ng～5 hg（1 μL），加 RNase-free 水至 12 μL，混匀。

（3）4℃ 微离心（5000 r/ min × 5 s）。

（4）置 PCR 管与 PCR 仪中，65℃孵育 5 min，迅速置冰上，微离心。

（5）依次加入以下试剂：

1）5× reaction buffer，4 μL；

2）RiboLock^{TM} RNase Inhibitor（20 μg/μL），1 μL；

3）10 mMdNTP Mix，2 μL；

4）M-MLV，1 μL。

（6）混匀，4℃微离心。

（7）置 PCR 管于 PCR 仪中，42℃孵育 60 min，再于 70℃孵育 5 min，终止反应。

（8）合成的 cDNA 于－20℃保存一周备用。

（三）普通 PCR 反应和琼脂糖电泳

1. 仪器及试剂

仪器：普通离心机；PCR 仪；高精度加样器及枪头：0.5～10 μL、20～200 μL、200～1000 μL；EP 管等。

试剂：DNA Marker-B、2×PCR Master Mix、Ⅰ型核酸染色剂、GAPDH 或 β -actin 引物、目的基因引物、上样缓冲液、1× TBE 缓冲液、琼脂糖凝胶制胶板及梳齿等。

样品：cDNA、DNA。

2. 实验步骤

实验分如下三组：

实验组：（模板：cDNA；引物：目的基因）

阴性组：（模板：无；引物：GAPDH 或 β -actin）

阳性组：（模板：DNA；引物：GAPDH 或 β -actin）

（1）PCR 反应（25 μL）：

1）冰上依次加入以下试剂：

①2×PCR Master Mix，12.5 μL；

②模板 DNA，1 μL；

③上游引物，0.5 μL；

④下游引物，0.5 μL；

⑤RNase-free ddH_2O，10.5 μL；

⑥混匀后，离心 5000 r/min× 1 min，置 PCR 仪。

2）反应条件

①94℃ 预变性 5 min；

②94℃ 变性 30 s；

③Tm 温度退火 30 s。

④重复上述步骤共计 35 次循环，最后一次循环以 72℃延伸 5 min。

（2）琼脂糖凝胶电泳（2%的凝胶）：

1）称取 0.4 g 琼脂糖，加入 1×TBE 20 mL，摇匀，微波炉中加热 1 min；

2）溶液稍冷 却后至 60℃，加入 5 μL 核酸染料；

3）胶块制作好后，向加样孔中加入 DNA maker 5 μL；加样孔加 PCR 产物 10 μL；

4）电泳：电压 100 V，电流 100 mA，恒压电泳，时间 45 min，不跑出胶为限。

5）将胶置于凝胶成像系统，拍照保存。

（四）荧光定量 PCR

试剂：2 × Sybr Green qPCR Mix。

实验步骤：

实验分三组：

实验组、阴性组、阳性组。内部参数同普通 PCR 反应和琼脂糖电泳。

1）冰上依次加入以下试剂：

①2 × SYBR qPCR Mix，25 μL；

②DNA Template，2 μL；

③Forward Primer（10 μM），1 μL；

④Reverse Primer（10 μM），1 μL；

⑤加 ddH_2O 至总体积，50 μL。

2）PCR 循环（三步法）：

94℃，5 min；

94℃，15 s；

55～65℃，15 s，40cycles（循环次数）；

72℃，35 s；

72℃，5 min。

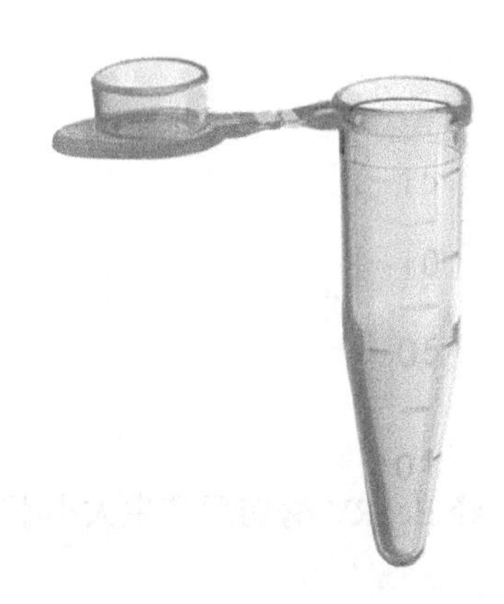

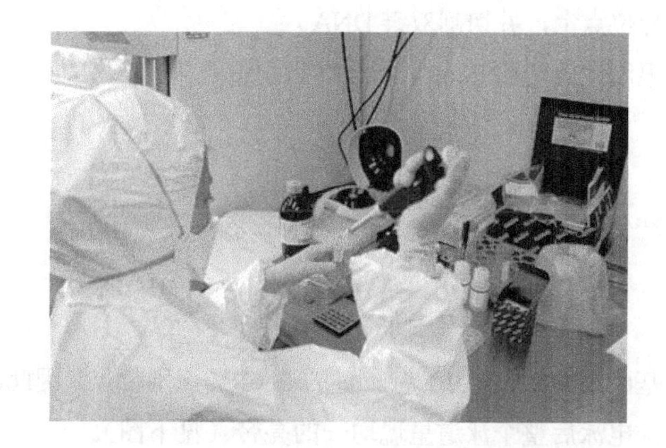

实验六十一　质粒的限制性内切酶消化及其与目标基因的体外重组

质粒 DNA 酶切（质粒限制性内切酶消化酶切）

一、实验目的

（1）了解酶切原理，掌握酶切体系建立原则。

（2）掌握用 EcoRV 切割质粒 pCAMBIA1302 的方法。

（3）掌握用 EcoRV 切割银杏基因组 DNA 的方法。

二、实验原理

限制性内切酶能特异地结合于一段被称为限制性酶识别序列的 DNA 序列之内或其附近的特异位点上，并切割双链 DNA。

限制性内切酶 EcoRV 特异性识别位点为：

GAT|ATC
CTA|TAG

产生平末端：

GATATC
CTATAG

基因组 DNA 中由于有较多的 EcoRV 识别位点，因此，经 EcoRV 酶切后产生大小不一的条带，电泳后整个泳道呈现均一的亮带（见下图）。

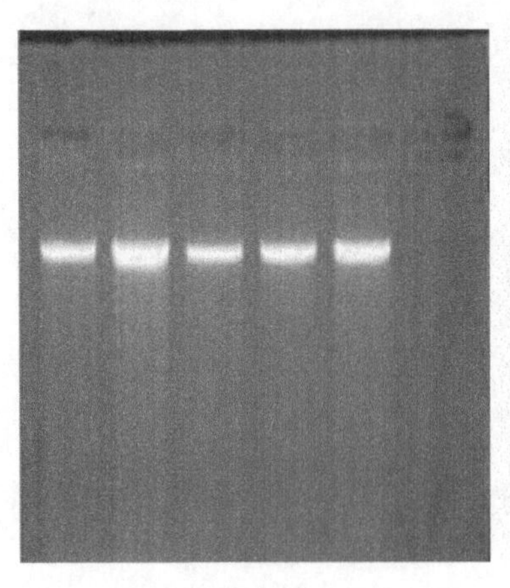

酶切前的 DNA

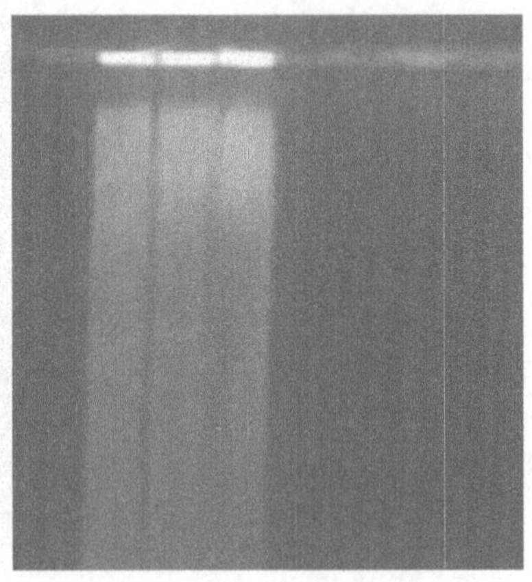

酶切后的 DNA

三、实验材料、试剂和仪器

实验材料：质粒 pCAMBIA1302，银杏基因组 DNA。

实验试剂：①EcoRV 酶及其酶切缓冲液；②琼脂糖（Agarose）、TAE 电泳缓冲液等。

实验仪器：恒温水浴锅。

四、实验步骤

（1）EP 管编号，加样。

（2）质粒（DNA）17.5 μL。

（3）反应 10×缓冲液 2 μL→19 μL＋0.5 μL 酶液。

（4）用移液枪轻轻吹打使溶液混匀，且使溶液集中在管底；混匀反应体系后，37℃水浴保温 4～5 h，1%琼脂糖凝胶电泳检测，上样 10 μL 电泳。

实验注意事项：

1）限制性内切酶用量可按标准体系 1 μg DNA 加 1 单位酶，消化 1～2 h。但要完全酶解则必须增加酶的用量，一般增加 2～3 倍，甚至更多，反应时间也要适当延长。

2）酶切时所加的 DNA 溶液体积不能太大，否则 DNA 溶液中其他成分会干扰酶反应。

3）市场销售的酶一般浓度很大，为节约起见，使用时可事先用酶反应缓冲液进行稀释。另外，酶通常保存在 50%的甘油中，实验中，应将反应液中甘油浓度控制在 1/10 之下，否则酶活性将受影响。

（5）重组质粒：有目的基因，有质粒，然后用酶使两者相接就是重组质粒。

外源 DNA 片段和质粒载体的连接反应策略有以下几种：

1）带有非互补突出端的片段。用两种不同的限制性内切酶进行消化可以产生带有非互补的黏性末端，这也是最容易克隆的 DNA 片段。一般情况下，常用质粒载体均带有多个不同限制酶的识别序列组成的多克隆位点，因而几乎总能找到与外源 DNA 片段末端匹配的限制酶切位点的载体，从而将外源片段定向地克隆到载体上。也可在 PCR 扩增时，在 DNA 片段两端人为加上不同酶切位点以便与载体相连。

2）带有相同的黏性末端。用相同的酶或同尾酶处理可得到这样的末端。由于质粒载体也必须用同一种酶消化，也得到同样的两个相同黏性末端，因此在连接反应中外源片段和质粒载体 DNA 均可能发生自身环化或几个分子串联形成寡聚物，而且正反两种连接方向都可能有。所以，必须仔细调整连接反应中两种 DNA 的浓度，以便使正确的连接产物的数量达到最高水平。还可将载体 DNA 的 5'磷酸基团用碱性磷酸酯酶去掉，最大限度地抑制质粒 DNA 的自身环化。带 5'端磷酸的外源 DNA 片段可以有效地与去磷酸化的载体相连，产生一个带有两个缺口的开环分子，在转入大肠杆菌（E.coli）受体菌后的扩增过程中缺口可自动修复。

3）带有平末端。由产生平末端的限制酶或核酸外切酶消化产生，或由 DNA 聚合酶补平所致。由于平端的连接效率比黏性末端要低得多，故在其连接反应中，T4 DNA 连接酶的浓度和外源 DNA 及载体 DNA 浓度均要高得多。通常还需加入低浓度的聚乙二醇（PEG8000）以促进 DNA 分子凝聚成聚集体的物质以提高转化效率。

4）特殊情况下，外源 DNA 分子的末端与所用的载体末端无法相互匹配，则可以在线状质粒载体末端或外源 DNA 片段末端接上合适的接头（linker）或衔接头（adapter）使其匹配，也可以有控制地使用 E.coli DNA 聚合酶Ⅰ的 klenow 大片段部分填平 3'凹端，使不相匹配的末端转变为互补末端或转为平末端后再进行连接。

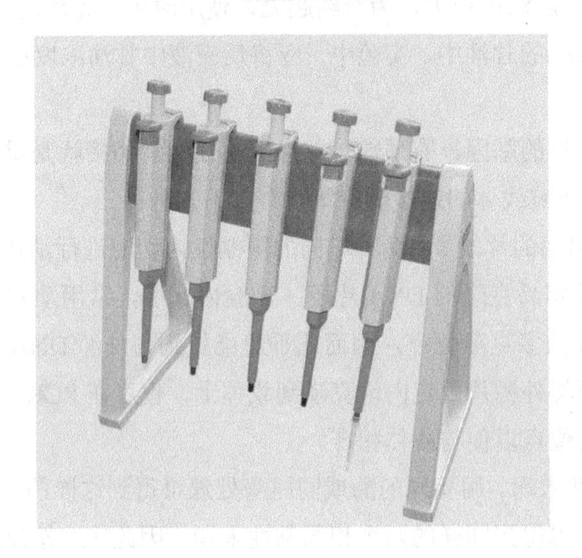

实验六十二　大肠杆菌感受态细胞的制备及转化

一、实验原理

在自然条件下，很多质粒都可通过细菌接合作用转移到新的宿主内，但在人工构建的质粒载体中，一般缺乏此种转移所必需的mob基因，因此不能自行完成从一个细胞到另个细胞的接合转移。如需将质粒载体转移进受体细菌，需将对数生长期的细菌（受体细胞）经理化方法处理后，细胞膜的通透性发生暂时性改变，成为能允许外源DNA分子进入的细胞，称感受态细胞。

1. 转化

转化（transformation）是将外源DNA分子引入受体细胞，使之获得新的遗传性状的一种手段。它是微生物遗传、分子遗传、基因工程等研究领域的基本实验技术。

2. 转化过程

转化过程所用的受体细胞一般是限制修饰系统缺陷的变异株，即不含限制性内切酶和甲基化酶的突变体。它可以容忍外源DNA分子进入体内并稳定地遗传给后代。

受体细胞经过一些特殊方法（如物理制备法，化学制备法等）的处理后，细胞膜的通透性发生了暂时性的改变，成为能允许外源DNA分子进入的感受态细胞（compenentcells）。

进入受体细胞的DNA分子通过复制，表达实现遗传信息的转移，使受体细胞出现新的遗传性状。

将经过转化后的细胞在筛选培养基中培养，即可筛选出转化子（transformant，即带有异源DNA分子的受体细胞）。

3. 常用的感受态细胞制备方法

常用的感受态细胞制备方法有RbCl（KCl）法、$CaCl_2$法、电击感受态制备等。

（1）RbCl（KCl）法制备的感受态细胞转化效率较高，但制备较复杂，不适合实验室用。

（2）电击感受态细胞转化效率高，操作简便，但需电击仪。

（3）$CaCl_2$法简便易行，且其转化效率完全可以满足一般实验的要求，制备出的感受态细胞暂时不用时，可加入占总体积15%的无菌甘油于－70℃以下保存半年，因此$CaCl_2$法使用更为广泛。

4. $CaCl_2$法制备感受态细胞原理

$CaCl_2$法是以Mendel和Higa（1970年）的发现，其基本原理是：细胞处于0～4℃，$CaCl_2$低渗溶液中，大肠杆菌细胞膨胀成球状。转化混合物中的DNA形成抗DNA酶的羟基—钙磷酸复合物黏附于细胞表面，经42℃ 90 s热激处理，促进细胞吸收DNA混合物。将细菌放置在非选择性培养基中保温一段时间，促使在转化过程中获得的新的表型，如卡那霉素耐药基因得到表达，然后将此细菌培养物涂在含卡那霉素的选择性培养基上，倒置培养过夜，即可获得细菌菌落。

二、材料，设备及试剂

1. 材料

E.coliDH5a 菌株；质粒、1.5 mL 离心管（又称 eppendorf 管）卡那霉素。

2. 设备

恒温摇床；电热恒温培养箱；台式高速离心机；超净工作台；低温冰箱；恒温水浴锅；制冰机；分光光度计；微量移液枪；eppendorf 管等。

3. 试剂

0.1 mol/L 的 $CaCl_2$ LB 液体培养基 LB 固体培养基；Kana 母液；卡那霉素（Kanamycin）液；100 mg/mL 水溶液，－20℃保存备用。

三、操作步骤

本实验以 E.coli DH5a 菌株为受体细胞，并用 $CaCl_2$ 处理，使其处于感受态，然后与质粒共保温，实现转化。由于质粒带有卡那霉素抗性基因，可通过卡那霉素抗性来筛选转化子。如受体细胞没有转入质粒，则在含卡那霉素的培养基上不能生长。能在卡那霉素培养基上生长的受体细胞（转化子）肯定已导入了质粒。转化子扩增后，可将转化的质粒提取出，进行电泳、酶切等进一步鉴定。

1. 受体菌的培养

（1）从 LB 平板上挑取新活化的 E.coli DH5a 单菌落，接种于 3～5 mL LB 液体培养中，37℃，180rpm 振荡培养过夜；

（2）将该菌悬液以 1:（30～100）的比例接种于 100 mL LB 液体培养基中，37℃振荡培养 2～3 h 至 OD_{600} 在 0.3～0.4 左右；

（3）无菌条件下取 1.5 mL 菌液到 eppendorf 管中，冰浴 10 min，4℃ 8000 rpm 离心 5 min；

（4）彻底弃上清液，在冰浴上加入 500 μL 预冷的无菌 CaCl（0.1 mol/L）使细胞悬浮；

（5）4℃，8000 rpm 离心 4 min，弃上清液；

（6）用 100 pl 预冷的无菌 $CaCl_2$（0.1 molL）重新悬浮细胞，冰上备用；

2. 转化

（1）取 50 μL 感受态细胞悬液，在冰浴中使其解冻，加入 10 μL 连接产物（或质粒 DNA）（含量不超过 50 ng，体积不超过 10 μL），轻轻摇匀，冰上 30～40 min；

1）质粒 DNA 组：10 μL 质粒 DNA＋50 μL 感受态细胞悬浊液

2）空白对照组：10 μL 无菌水＋50 μL 感受态细胞悬液

（2）42℃水浴锅中热击 90 s（勿摇动），热击后迅速置于冰上冷却 2 min；

（3）向管中加入 400 μL LB 液体培养基（不含卡那霉素），混匀后 37℃，180 rpm 振荡培养 40 min，使细菌恢复正常生长状态，并表达质粒编码的抗生素抗性基因（卡那霉素）；

（4）涂平板：将上述菌液摇匀后取 80 μL 涂布于含 Kana 的筛选平板上，在菌液完全被培养基吸收后，37℃倒置培养皿培养 12～18 h。

注意：

（1）含卡那霉素的 LB 固体培养基的配制：将灭菌的 LB 固体培养基水浴溶解后冷却至 60℃左右，加入 Kana 储存液，使终浓度为 50～100 μg/mL，摇匀后到平板。

（2）1 h 空间：转化后温浴 45 min 左右，让抗性基因得以表达，再涂抗性平板。

四、问题与讨论

（1）感受态细胞有何特点？如何保证它的质量？

（2）如果在实验中对照组本不该长出菌落的平板长出了一些菌落，如何解释这种现象？

（3）还有哪些方法可以将外源基因导入受体细胞？各有什么优缺点？

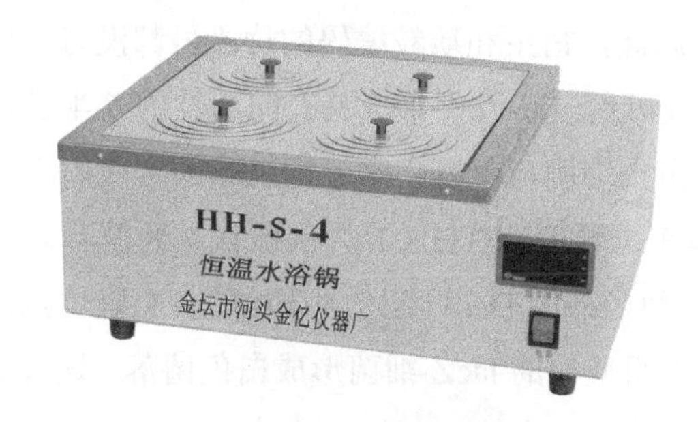

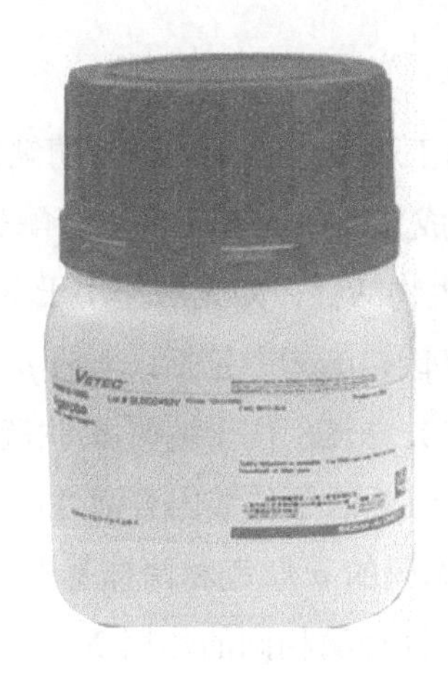

实验六十三　重组 DNA 的蓝白斑筛选

蓝白斑筛选是重组子筛选的一种方法，是根据载体的遗传特征筛选重组子，主要为 α-互补与抗生素基因。蓝白斑筛选在指示培养基上，未转化质粒的菌落因无抗生素抗性而不能生长，重组质粒的菌落是白色的，非重组质粒的菌落是蓝色的，以颜色不同为依据直接筛选重组克隆的方法。

一、蓝白斑筛选原理

一些载体（如 PUC 系列质粒）带有 β-半乳糖苷酶（lacZ）N 端 α 片段的编码区，该编码区中含有多克隆位点（MCS），可用于构建重组子。这种载体适用于仅编码 β-半乳糖苷酶 C 端 ω 片段的突变宿主细胞。因此，宿主和质粒编码的片段虽都没有半乳糖苷酶活性，但它们同时存在时，α 片段与 ω 片段可通过 α-互补形成具有酶活性的 β-半乳糖苷酶。这样，lacZ 基因在缺少近操纵基因区段的宿主细胞与带有完整近操纵基因区段的质粒之间实现了互补。由 α-互补而产生的 lacZ＋细菌在诱导剂 IPTG（异丙基硫代半乳糖苷）的作用下，在生色底物 X-gal 存在时产生蓝色菌落。而当外源 DNA 插入到质粒的多克隆位点后，几乎不可避免地破坏 α 片段的编码，使得带有重组质粒的 lacZ-细菌形成白色菌落。这种重组子的筛选，称为蓝白斑筛选。

二、实验方法

设计适用于蓝白斑筛选的基因工程菌为 β-半乳糖苷酶缺陷型菌株。这种宿主菌基因组中编码 β-半乳糖苷酶的基因突变，造成其编码的 β-半乳糖苷酶失去正常 N 段一个 146 个氨基酸的短肽（即 α 肽链），从而不具有生物活性，即无法作用于 X-gal 产生蓝色物质。用于蓝白斑筛选的载体具有一段称为 lacZ'的基因，lacZ'中包括：一段 β-半乳糖苷酶的启动子；编码 α 肽链的区段；一个多克隆位点（MCS）。MCS 位于编码 α 肽链的区段中，是外源 DNA 的选择性插入位点。虽然上述缺陷株基因组无法单独编码有活性的 β-半乳糖苷酶，但当菌体中含有带 lacZ'的质粒后，质粒 lacZ'基因编码的 α 肽链和菌株基因组表达的 N 端缺陷的 β-半乳糖苷酶突变体互补，具有与完整 β-半乳糖苷酶相同的作用 X-gal 生成蓝色物质的能力，这种现象即 α-互补。

操作中，添加 IPTG（异丙基硫代-β-D-半乳糖苷）以激活 lacZ'中的 β-半乳糖苷酶的启动子，在含有 X-gal 的固体平板培养基中菌落呈现蓝色。以上是携带空载体的菌株产生的表型。当外源 DNA（即目的片段）与含 lacZ'的载体连接时，会插入进 MCS（位于 lacZ'中的多克隆位点），使 α 肽链读码框破坏，这种重组质粒不再表达 α 肽链，将它导入宿主缺陷菌株则无 α 互补作用，不产生活性 β-半乳糖苷酶，即不可分解培养基中的 X-gal 产生蓝色，培养表型即呈现白色菌落。

实验中，通常蓝白筛选是与抗性筛选一同使用的。含 X-gal 的平板培养基中同时含有一种或多种载体所携带抗性相对应的抗生素，这样一次筛选可以判断出：未转化的菌不具有抗性，不生长；转化了空载体，即未重组质粒的菌，长成蓝色菌落；转化了重组质粒的菌，即目的重组菌，长成白色菌落。IPTG 和 X-gal 需分装后保存在－20℃，可保存 2～4 个月。

IPTG 即 Isopropy1 β-D-1-thiogalactopyranoside，也称 Isopropyl β-D-thiogalactoside，中文名为异丙基-β-D-硫代半乳糖苷。

分子式为 C9H1805S，分子量为 238.30，CAS Number367-93-1，μLtraPure，dioxanefree，纯度＞99.6%。

本产品为接近白色的粉末常用分子生物学试剂，常用于蓝白斑筛选及 IPTG 诱导的细菌内的蛋白表达等。IPTG 是 β-半乳糖苷酶的活性诱导物质。基于这个特性，当 PUC 系列的载体 DNA（或其他带有 lacZ 基因载体 DNA）以 lacZ 缺失细胞为宿主进行转化时、或用 M13 噬菌体的载体 DNA 进行转染时，如果在平板培养基中加入 X-gal 和 IPTG，由于 β-半乳糖苷酶的 α-互补性，可以根据是否呈现白色菌落（或噬菌斑）而方便地挑选出基因重组体。此外，它还可以作为具有 lac 或 tac 等启动子的表达载体的表达诱导物使用。

三、使用方法

首先把 IPTG 配制成 24 mg/mL（100 mM）的水溶液，并进行过滤除菌后保存。然后在 100 mL 的琼脂培养基中，加入 100 μL 的上述溶液、200 μL 的 X-gal（20 mg/mL 的二甲基甲酰胺（DMF）溶液）和 100 μL 的 Amp（100 mg/mL），制作成 IPTG、X-gal、Amp 平板培养基。当 DNA 片段插入至 PUC 系列载体（或其他带有 lacZ、Amp 基因载体），然后转化至 1acZ 缺失细胞中后，涂布上述的 IPTG、X-gal、Amp 平板培养基，可根据长出菌体的蓝白色，而方便地挑选出基因重组体（白色为具有 DNA 插入片段的基因重组体）。

保存条件：粉末在－20℃稳定保存至少三年，具体请参考各个厂家提供的保存条件。

四、注意事项

培养噬菌体时，Topagar 中的添加量为：25 μL/3 mL（24 mg/mL）含有 IPTG 的培养 4'避光保存，须在 1～2 周内使用。

实验六十四　外源基因在大肠杆菌中的诱导表达

一、实验目的

（1）通过本实验掌握外源基因在原核细胞中表达的特点和方法。

（2）掌握 SDS-PAGE 的制备及其分离原理。

二、实验原理

本实验介绍一种常用的表达载体-pET 载体系统。在 pET 系列载体中，外源基因的表达受 T7 噬菌体 RNA 聚合酶的调控，这类载体是 Studier 等于 1990 年首先构建的，后来得到很大发展。它们的典型特点是带有 pBR322 的大肠菌素 E_1（COIEI）复制区。从而赋予宿主菌氢节青霉素或卡那霉素抗性。在这些载体中，编码序列在多克隆位点插入，置于天然 T7RNA 聚合酶启动子或所谓的 T7lac 启动子的控制之下一，后者是带有 lac 操纵子（JarO）序列的天然 T7RNA 聚合酶启动子的衍生体。lac 阻抑物的结合能阻断转录起始。

将外源基因克隆在含有 lac 启动子的 pET-30a 表达载体中，让其在 E.coli 中表达。先让宿主菌生长，lacl 产生的阻遏蛋白与操纵基因结合，从而不能进行外源基因的转录与表达，此时宿主菌正常生长。然后向培养基中加入 lac 操纵子的诱导物 IPTG 阻遏蛋白不能与操纵基因结合，则 DNA 外源基因大量转录并高效表达，表达蛋白可经 SDS-PAGE 检测。

1．SDS-PAGE 分离蛋白原理

组成蛋白质的氨基酸在一定 pH 的溶液中会发生解离而带电，带电的性质和带电量的多少取决于蛋白质的性质及溶液的 pH 和离子强度。聚丙烯酰胺凝胶在催化剂过硫酸铵（简称 Ap）和加速剂 N，N，N'N'-四甲基乙二胺（简称 TEMED）的作用下，聚合形成三维的网状结构。蛋白质在凝胶中受电场的作用而发生迁移，不同种蛋白在凝胶的网状结构中迁移的速率不同，其速率取决于蛋白质所带电荷的多少和蛋白质的大小和形状。根据迁移速率的不同，可将不同的蛋白质进行分离。

SDS-PAGE 是在蛋白质样品中加入 SDS 和含有巯基乙醇的样品处理液，SDS 是一种很强的阴离子表面活性剂，它可以断开分子内和分子间的氢键，破坏蛋白质分子的二级和三级结构。

强还原剂巯基乙醇可以断开二硫键破坏蛋白质的四级结构。使蛋白质分子被解聚成肽链形成单链分子。解聚后的侧链与 SDS 充分结合形成带负电荷的蛋白质-SDS 复合物。

蛋白质分子结合 SDS 阴离子后，所带负电荷的量远远超过了它原有的净电荷，从而消除了不同种蛋白质之间所带净电荷的差异。蛋白质的电泳迁移率主要决定于亚基的相对分子质量。而与其所带电荷的性质无关。

2．蛋白表达系统

大肠杆菌表达系统是目前研究最成熟的基因工程表达系统，当前已商业化的基因工程产品大多是通过大肠杆菌表达的，突出的优点是工艺简单、产量高、周期短、生产成本低。然而，大肠杆菌是原核生物，不具有真核生物的基因表达调控机制和蛋白质的加工修饰能力：许多蛋白质在翻译后，需经过翻译后的修饰加工（如磷酸化、糖基化、酰胺化及蛋白酶水解等）过程才能转化成活性形式。大肠杆菌缺少上述加工机制，不适合用于表达结构复杂的蛋白质。另外，蛋白质的活性还依赖于形成正确的二硫键并折叠成高级结构，在大肠杆菌中表达的蛋白质往往不能进行正确的折叠，是以包含体状态存在。包含体的形成虽然简化了产物的纯化，但不利于产物的活性，为了得到有活性的蛋白，就需要进行变性溶解及复性等操作，这一过程比较烦琐，同时增加了成本。

3. 酵母表达系统

酵母是低等真核生物，除了具有细胞生长快，易于培养，遗传操作简单等原核生物的特点外，又具有对表达的蛋白质进行正确加工，修饰，合理的空间折叠等真核生物的功能，非常有利于真核基因的表达，能有效克服大肠杆菌系统缺乏蛋白翻译后加工、修饰的不足。

酿酒酵母在分子遗传学方面被人们认识最早，也是最先作为外源基因表达的酵母宿主。1981 年利用酿酒酵母成功表达了第一个外源基——干扰素基因，随后又有一系列外源基因在该系统得到表达。干扰素和胰岛素虽然已经利用酿酒酵母大量生产并被广泛应用，当利用酿酒酵母制备时，实验室的结果很令人鼓舞，但由实验室扩展到工业规模时，其产量迅速下降。原因是培养基中维特质粒高拷贝数的选择压力消失，质粒变得不稳定，拷贝数下降。拷贝数是高效表达的必备因素，因此拷贝数下降，也直接导致外源基因表达量的下降。同时，实验室用培养基成分复杂且昂贵，当采用工业规模能够接受的培养基时，导致了产量的下降。为克服酿酒酵母的局限，1983 年美国 Wegner 等人最先发展了以甲基营养型酵母（methylotrophicyeast）为代表的第二代酵母表达系统。

甲基营养型酵母包括：Pichia、Candida 等。以 Pichia.pastoris（毕赤巴斯德酵母）为宿主的外源基因表达系统近年来发展最为迅速，应用也最为广泛。毕赤酵母系统除了具有一般酵母所具有的特点外，还有以下几个优点：

具有醇氧化酶 AOX1 基因启动子，这是目前最强，调控机理最严格的启动子之一。表达质粒能在基因组的特定位点以单拷贝或多拷贝的形式稳定整合。

菌株易于进行高密度发酵，外源蛋白表达量高。

毕赤酵母中存在过氧化物酶体，表达的蛋白贮存其中，可免受蛋白酶的降解，而且减少对细胞的毒害作用。

Pichia.pastoris 基因表达系统经过近十年发展，已基本成为较完善的外源基因表达系统。利用强效可调控启动子 AOX1，已高效表达了 HBsAg、TNF、EGF、破伤风毒素 C 片段、基因工程抗体等多种外源基因，证实该系统为高效、实用、简便，以提高表达量并保持产物生物学活性为突出特征的外源基因表达系统，而且非常适宜扩大为工业规模。目前美国 FDA 已能评价来自该系统的基因工程产品，最近来自该系统的 Cephelon 制剂已获得 FDA 批准。

毕赤酵母宿主菌常用的有 GS115 和 KM71 两种，都具有 HIS4 营养缺陷标记。

三、实验材料

表达质粒：pET-30a-GFP。

四、实验步骤

1. 目的蛋白的表达

（1）含外源基因的表达菌株在 LB 培养基（含 50 μg/mL Kana）中预培养过夜。

（2）按 1/50 的比例稀释菌液，于 250 r/min，培养 3 h，使其 OD_{600} 值达到 0.6。

（3）加入 IPTG，使其终浓度为 0.5 mmoI/L。

（4）继续培养 12 h 。

（5）取 1.5 mL 菌液于 10000 r/min，离心 2 min，收获菌体。

2. 目的蛋白的检测

（1）凝胶制备。

分离胶和浓缩胶分别按表 6-64-1 中的配方进行制备。先制分离胶，将分离胶注入玻璃板后，用去离子水封口，30～40 min 后凝聚。将胶面的水吸干后灌注浓缩胶，并插入梳子，胶凝固后即可。

（2）凝胶电泳。

取 80 mL 电极缓冲液稀释 5 倍后，分别注入阴极电泳槽和阳极电泳槽中。然后在加样孔中加入已经处理好的蛋白样品。80 V 恒压 20 min，120 V 恒压 2 h。

（3）染色、脱色。

电泳完毕，剥胶后，在摇床上染色 0.5～1 h；之后，在脱色液中脱色 1 h，观察目的蛋白表达情况。

表 6-64-1

凝 聚 组 分	10%分离胶（5 mL）	5%浓缩胶（2 mL）
水	1.9	14
30%丙烯酰胺混合液	1.7	0.33
1 mol/L Tris（pH 值为 6.8）		0.25
1.5 mol/L Tris（pH 值为 8.8）	1.3	
10%SDS	0.05	0.02
10%过硫酸铵	0.05	0.02
TEMED	0.002	0.002

五、注意事项

（1）含外源基因的表达菌株应预培养之后再转接至培养瓶中，最好不要将菌种直接接于培养瓶培养，诱导表达。

（2）菌生长至 $OD_{600\ nm}$ 值 0.6 左右为诱导适合条件，避免菌生长过浓。

（3）配制 SDS 胶时应注意充分混匀后加入玻璃板中，并待其充分凝固后使用。

六、思考题

（1）原核表达目的蛋白的基本原理是什么？

（2）SDS-PAGE 电泳的原理是什么？

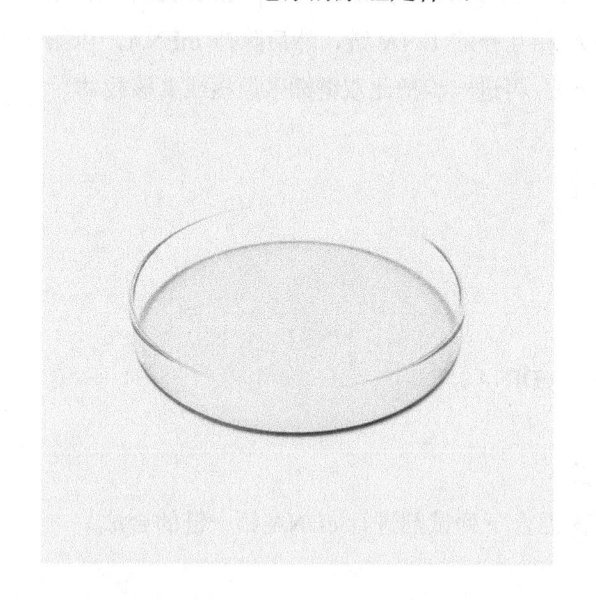

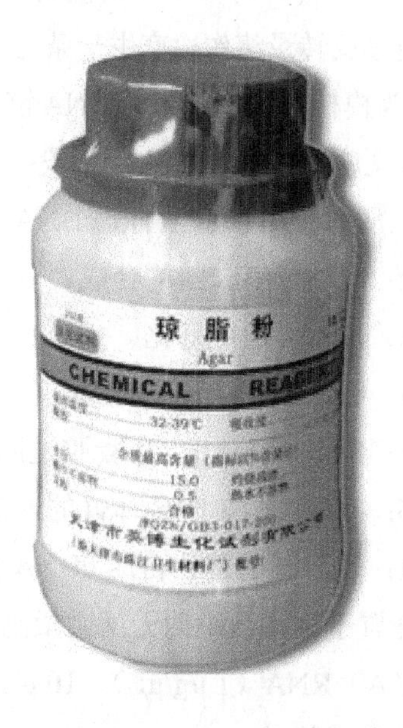

实验六十五　cDNA 文库的构建

cDNA 文库不同于基因组文库，被克隆 DNA 是从 mRNA 反转录来源的 DNA。cDNA 组成特点是其中不含有内含子和其他调控序列。故做 cDNA 克隆时应从获得 mENA 开始，在此基础上，通过反转录酶作用产生一条与 mRNA 相互补的 DNA 链，然后除掉 mENA，以第一条 DNA 链为模板复制出第二条 DNA 链（双链）；再进一步把此双链插入原核或真核载体。

cDNA 文库的构建分为六个阶段：

阶段 1：反转录酶催化合成 cDNA 第一链

阶段 2：cDNA 第二链的合成

阶段 3：cDNA 的甲基化

阶段 4：接头或衔接子的连接

阶段 5：Sepharose CL-4B 凝胶过滤法分离 cDINA

阶段 6：cDNA 与 λ 噬菌体臂的连接

阶段 1：反转录酶催化合成 cDNA 第一链

（1）在置于冰浴锅中的无菌微量离心管内混合下列试剂进行 cDNA 第一链的合成：

po1y（A）RNA（1 μg/μL），10 μL；

寡核苷酸引物（1 μg/μL），1 μL；

1 mol/L Tris-HCl（pH 值为 8.0，37℃），2.5 μL；

1 mol/L KCl，3.5 μL；

250 mo1/L $MgCl_2$，2 μL；

dNTP 溶液（含 4 种 dNTP，每种 5 mmol/L），10 μL；

0.1 mol/L DTT，2 μL；

RNase 抑制剂（选用），25 单位；

加 H_2O 至 48 μL。

（2）当所有反应组在 0℃混合后，取出 2.5 μL 反应液转移到另一个 0.5 mL 微量离心管内。在这个小规模反应管中加入 0.1 μL［a-12P］ dCTP（400 Ci/mmol，10 mCi/mL）。

（3）大规模和小规模反应管都在 37℃温育 1 h。

（4）温育接近结束时，在含有同位素的小规模反应管中加入 1 μL 0.25 mol/L EDTA。然后将反应管转移到冰上。大规模反应管则在 70℃温育 10 min；然后转移至冰上。

（5）参考《分子克隆实验指南》第三版附录 8 所述方法，测定 0.5 μL 小规模反应物中放射性总活度和可被三氯乙酸（TCA）沉淀的放射性活度。此外，用合适的 DNA 分子质量参照物通过碱性琼脂糖凝胶电泳对小规模反应产物进行分析是值得的。

（6）按下述方法计算 cDNA 第一链的合成量：

［掺入的活度值（cpm）/总活度值］×66（μg）＝合成的 cDNA 第一链（μg）

（7）尽可能快地进行 cDNA 合成的下一步骤。

阶段 2：cDNA 第二链的合成

（1）将下列试剂直接加入大规模第一链反应混合物中：

10 mmol/L MgCl，70 μL；

2 mol/L Tris-HC1（pH 值为 7.4），5 μL；

10 mCi/mL［a-P］dCTP（400 Ci/mmol），10 μL；

1 mol/L（NH_4）$_2SO_4$，1.5 μL；

RNaseH（1000 单位/mL），1 μL；

大肠杆菌 DNA 聚合酶Ⅰ（10000 单位/mL），4.5 μL。

温和振荡将上述试剂混合，在微量离心机稍离心，以除去所有气泡。在 16℃温育 24 h。

（2）温育结束，将下列试剂加到反应混合物中：

β-NAD（50 mmol/L），1 μL；

大肠杆菌 DNA 连接酶（1000～4000 单位/mL），1 μL；

室温温育 15 min。

（3）温育结束，加入 1 μL 含有 4 种 dNTP 的混合物和 2 μLT4 噬菌体 DNA 聚合酶。反应混合物室温温育 15 min。

（4）取出 3 μL 反应物，按步骤（7）和（8）描述的方法测定第二链 DNA 的质量。

（5）将 5 μL 0.5 mol/L EDTA（pH 值为 8.0）加入剩余的反应物中，用酚氯仿和氯仿分别抽提混合物一次。在 0.3 mol/L（pH 值为 5.2）乙酸钠存在下，通过乙醇沉淀回收 DNA，将 DNA 溶解在 90 μL TE（pH 值为 7.6）溶液中。

（6）将下列试剂加到 DNA 溶液中：

10×T4 多核苷酸激酶缓冲液，10 μL；

T4 多核苷酸激酶（3000 单位/mL），1 μL；室温温育 15 min。

（7）测定从上面步骤 4 取出的 3 μL 反应物中放射性活度。

（8）用下面公式计算第二链反应中所合成的 cDNA 量。要考虑到已掺入 DNA 第一链中的 dNTP 的量。

［第二链反应中所掺入的活度值（cpm）/总活度值（cpm）］×（66 μg－*x* μg）＝cDNA 第二链合成量/μg

x 表示 cDNA 第一链量。cDNA 第二链合成量通常为第一链量的 70%～80%

（9）用等量酚：氯仿对含有磷酸化 cDNA［来自步骤（6）］的反应物进行。

（10）SephadexG-50 用含有 10 mol/L NaCl 的 TE（pH 值为 7.6）溶液进行平衡，然后通过离子柱层析将未掺入的 dNTP 和 cDNA 分开。

（11）加入 0.1 倍体积的 3 mol/L 乙酸钠（pH 值为 5.2）和 2 倍体积的乙醇，沉淀柱层析洗脱下来cDNA，将样品置于冰上至少15 min，然后在微量离心机上以最大速度4℃离心15 min，回收沉淀DNA。用手提微型监测仪检查，是否所有放射性都沉淀下来。

（12）用70%乙醇洗涤沉淀物，重复离心。

（13）小心吸出所有液体，空气干燥沉淀物。

（14）如果需要用EcoRI甲基化酶对cDNA进行甲基化，可将cDNA溶解于80 μL E（pH值为7.6）溶液中。另外，如果要将cDNA直接与NotI或SalI接头或寡核苷酸衔接子相连，可将cDNA悬浮在29 μL TE（pH值为7.6）溶液。沉淀的DNA重新溶解后，尽快进行cDNA合成的下一步骤。

阶段3：cDNA的甲基化

（1）在cDNA样品中加入以下试剂：

2 mol/L Tris-HCl（pH值为8.0），5 μL；

5 mol/L NaCl，2μL；

0.5 mol/L EDTA（pH值为8.0），2 μL；

20 mol/L s-腺苷甲硫氨酸，1 μL；

加H_2O至96 μL。

（2）取出两小份样品（各2 μL）至0.5 mL微量离心管中，分别编为1号和2号，置于冰上。

（3）在余下的反应混合液中加入2 μL EccRI甲基化酶（80000单位/mL），保存在0℃直至步骤4完成。

（4）再从大体积的反应夜中吸出另外两小力样品各2 μL～0.5 mL微量离心管中，分别编为3号和4号。

（5）在所有四小份样品（来自步骤2和步骤4）加入100 ng质粒DNA或500 ng的入噬菌体DNA。这些未甲基化的DNA在预实验中用作底物以测定甲基化效率。

（6）所有四份小样实验反应和大体积的反应均在37℃温育1 h。

（7）于68℃加热15 min；用酚：氯仿抽提大体积反应液一次，再用氯仿抽提一次。

（8）在大体积反应液中加入0.1倍体积的3 mol/L乙酸钠（pH值为5.2）和2倍体积的乙醇，混匀后贮存于−20℃直至获得小样反应结果。

（9）按下述方法分析4个小样对照反应：

1）在每一对照反应中分别加入：0.1 mol/L $MgCl_2$ μL 10×EcoRI缓冲液2 μL。

2）在2号和4号反应管中分别加入20单位EcERI。

3）四个对照样品于37℃温育1 h，通过1%琼脂糖凝胶电泳进行分析。

（10）微量离心机以最大速度离心15 min（4℃）以回收沉淀cDNA弃上清，加入200 μL 70%乙醇洗涤沉淀，重复离心。

（11）用手提式微型探则器检查是否所有放射性物质均被沉淀。小心吸出乙醇，在空气中晾干沉淀，然后将 DNA 溶于 29 μL TE（pH 值为 8.0）。

（12）尽可能快地进行 cDNA 合成的下一阶段。

阶段 4：接头或衔接子的连接

1. cDNA 末端的削平

（1）cDNA 样品于 68℃加热 5 min。

（2）将 cDNA 溶液冷却至 37℃并加入下列试剂：5×T4 噬菌体 DNA 聚合酶修复缓冲液 10 μL

dNTP 溶液，每种 5 mmol/L 5 μL 加 H_2O 至 50 μL。

（3）加入 1～2 单位 T4 噬菌体 DNA 聚合酶（500 单位/ml），37℃温育 15 min。

（4）加入 1 μL 0.5 mol/L EDTA（pH 值为 8.0），以终止反应。

（5）用酚：氯仿抽提，再通过 SephadexG-50 离心柱层析，除去未掺入的 dNTP。

（6）在柱流出液中加入 0.1 倍体积的 3 mol/L 乙酸钠（pH 值为 5.2）和 2 倍体积的乙醇，样品于 4℃至少放置 15 min。

（7）在微量离心机上以最大速度离心 15 min（4℃），回收沉淀的 cDNA。沉淀经空气干燥后溶于 13 μL 的 10 mmol/L Iris HCl（pH 值为 8.0）。

2. 接头或衔接子与 cDNA 的连接

（1）将下列试剂加入已削成平末端的 DNA 中：10×T4 噬菌体 DNA 聚合酶修复缓冲液 2 μL 800～1000 ng 的磷酸化接头或衔接子 2 μL T4 噬菌体 DNA 连接酶（10Weiss，单位：mL）1 μL 10 mmol/L ATP 2 μL 混匀后，在 16℃温育 8～12 h。

（2）从反应液中吸出 0.5 μL 贮存于 4℃，其余反应液于 68℃加热 15 min 以灭活连接酶。

阶段 5：SepharoseCL-4B 凝胶过滤法分离 cDNA

1. SepharoseCL-4B 柱的制备

（1）用带有弯头的皮下注射针头将棉拭的一半推进 1 mL 灭菌吸管端部，用无菌剪刀剪去露在吸管外的棉花并弃去，再用滤过的压缩空气将余下的棉拭子吹至吸管狭窄端。

（2）将一段无菌的聚氯乙烯软管与吸管窄端相连，将吸管宽端浸于含有 0.1 mol/L NaCl 的 TE（pH 值为 7.6）溶液中。将聚氯乙烯管与相连于真空装置的锥瓶相接。轻缓抽吸，直至吸管内充满缓冲液，用止血钳关闭软管。

（3）在吸管宽端接一段乙烯泡沫管，让糊状物静置数分钟，放开止血钳，当缓冲液从吸管滴落时，层析柱亦随之形成。如有必要，可加入更多的 Sepharose CL-4B，直至填充基质几乎充满吸管为止。

（4）将几倍柱床体积的含 0.1 mol/L 氯化钠的 TE（pH 值为 7.6）洗涤柱子。洗柱完成后，关闭柱子底部的软管。

2. 依据大小分离回收 DNA

（1）用巴斯德吸管吸去柱中 Sepharose CI-4B 上层的液体，将 cDNA 加到柱上（体积 50 μL

或更小），放开止血钳，使 cDNA 进入凝胶。用 50 μL TE（pH 值为 7.6）洗涤盛装 cDNA 的微量离心管，将洗液亦加于柱上。用含 0.1 mol/L NaCl 的 TE（pH 值为 7.6）充满泡沫管。

（2）用手提式小型探则器监测 cDNA 流经柱子的进程。放射性 cDNA 流到柱长 2/3 时，开始用微量离心管收集，每管 2 滴，直至将所有放射性洗脱出柱为止。

（3）用切仑科夫计数器测量每管的放射性活性。

（4）从每一管中取出一小份，以末端标记的已知大小（0.2：b5kb）的 DNA 片段作标准参照物，通过 1%琼脂凝胶电泳进行分析，将各管余下部分贮存于–20℃，直至获得琼脂糖凝胶电泳的放射自显影片。

（5）电泳后将凝胶移至一张 Whatman 30 滤纸上，盖上一张 Saran 包装膜，并在凝胶干燥器上干燥。干燥过程前 20 ～30 min 于 50℃加热凝胶，然后停止加热，在真空状态继续干燥 1～2 h。

（6）置－70℃加增感屏对干燥的凝胶继续 X 射线曝光。

（7）在 cDNA 长度≥500 bp 的收集管中，加入 0.1 倍体积的 3 mol/L 乙酸钠（pH 值为 5.2）和 2 倍体积的乙醇。于 4℃放置至少 15 min 使 cDNA 沉淀，用微量离心机于 4℃以 12 000 g 离心 15 min，以回收沉淀的 cDNA。

（8）将 DNA 溶于总体积为 20 μL 的 10 mmo1/L Tris-HC1（pH 值 7.6）中。

（9）测定每一小份放射性活度。算出选定的组分中所得到的总放射性活度值。计算可用于 λ 噬菌体臂相连接的 DNA 总量。

[选定组分的总活度值（cpm）/掺入第二链的活度值（cpm）] ×2*x*μg cDNA 第二链合成量＝可用于连接的 cDNA。

阶段 6：cDNA 与 λ 噬菌体臂的连接

（1）按照下述方法建立 4 组连接—包装反应（见表 6-65-1）：

表 6-65-1

连接	A（μL）	B（μL）	C（μL）	D（μL）
λ 噬菌体 DNA（0.5 μL/μg）	1.0	1.0	1.0	1.0
10×T4 DNA 连接酶缓冲液	1.0	1.0	1.0	1.0
cDNA	0 ng	5 ng	10 ng	50 ng
T4 噬菌体 DNA 连接酶（10 Weiss/ml）	0.1	0.1	0.1	0.1
10 mmol/LATP	1.0	1.0	1.0	1.0
加 H_2O 至	10	10	10	10

连接混合物于 16℃培育 16 h。剩余的 cDNA 储存于－20℃。

（2）按包装提取物厂商提供的方法，从每组连接反应物中取 5 μL 包装到噬菌体颗粒中。

（3）包装反应完成后，在各反应混合物中加入 0.5 mL 的培养基。

（4）预备适当的大肠杆菌株新鲜过夜培养物，包装混合物做 100 倍稀释，各取 10 μL 和 100 μL 涂板，于 37℃或 42℃培养 8～12 h。

（5）计算重组噬菌斑和非重组噬菌斑，连接反应 A 不应产生重组噬菌斑，而连接反应 B、C 和 D 应产生数目递增的重组噬菌斑。

（6）根据重组噬菌斑的数目，计算 cDNA 的克隆效率。

（7）挑取 12 个重组入噬菌体空斑，小规模培养裂解物并制备 DNA，以供适当的限制性内核酸酶消化。

（8）通过 1%琼脂凝胶电泳分析 cDNA 插入物的大小，用长度范围 500bp，b 的 DNA 片段作为分子质量参照。

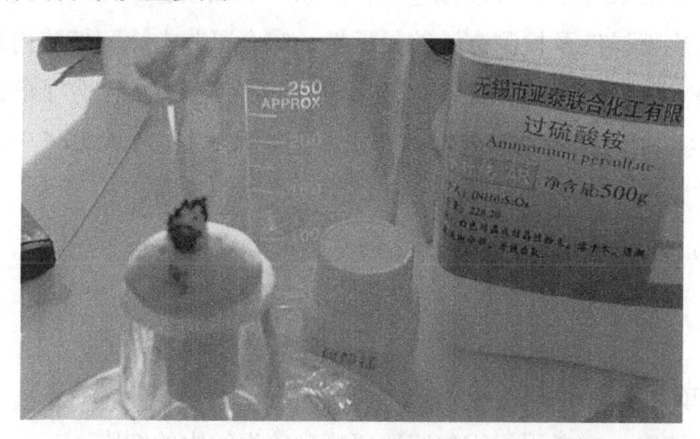

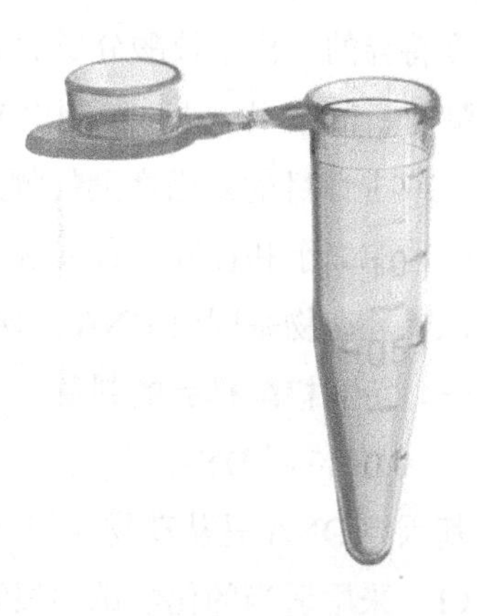

实验六十六 Southern杂交

Southern印迹杂交是进行基因组DNA特定序列定位的通用方法。一般利用琼脂糖凝胶电泳分离经限制性内切酶消化的DNA片段，将胶上的DNA变性并在原位将单链DNA片段转移至尼龙膜或其他固相支持物上，经干烤或者紫外线照射固定，再与相对应结构的标记探针进行杂交，用放射自显影或酶反应显色，从而检测特定DNA分子的含量。

Southern印迹杂交技术是分子生物学领域中最常用的具体方法之一。其基本原理是：具有一定同源性的两条核酸单链在一定的条件下，可按碱基互补的原则形成双链，此杂交过程是高度特异的。由于核酸分子的高度特异性及检测方法的灵敏性，综合凝胶电泳和核酸内切限制酶分析的结果，便可绘制出DNA分子的限制图谱。但为了进一步构建出DNA分子的遗传图，或进行目的基因序列的测定以满足基因克隆的特殊要求，还必须掌握DNA分子中基因编码区的大小和位置。有关这类数据资料可应用Southern印迹杂交技术获得。

以哺乳动物基因组DNA为例，介绍Southern印迹杂交的基本步骤。

一、待测核酸样品的制备

1. 制备待测DNA

基因组DNA是从动物组织（或）细胞制备。

（1）采用适当的化学试剂裂解细胞，或者用组织匀浆器研磨破碎组织中的细胞；

（2）用蛋白酶和RNA酶消化大部分蛋白质和RNA；

（3）用有机试剂（酚/氯仿）抽提方法去除蛋白质。

2. DNA限制酶消化

基因组DNA很长，需要将其切割成大小不同的片段之后才能用于杂交分析，通常用限制酶消化DNA。一般选择一种限制酶来切割DNA分子，但有时为了某些特殊的目的，分别用不同的限制酶消化基因组DNA。切割DNA的条件可根据不同目的设定，有时可采用部分和充分消化相结合的方法获得一些具有交叉顺序的DNA片段。消化DNA后，加入EDTA，65℃加热灭活限制酶，样品即可直接进行电泳分离，必要时可进行乙醇沉淀，浓缩DNA样品后再进行电泳分离。

二、琼脂糖凝胶电泳分离待测DNA样品

1. 基本原理

Southern印迹杂交是先将DNA样品（含不同大小的DNA片段）先按片段长短进行分离，然后进行杂交。这样可确定杂交靶分子的大小。因此，制备DNA样品后需要进行电泳分离。在恒定电压下，将DNA样品放在0.8%～1.0%琼脂糖凝胶中进行电泳，标准的琼脂糖凝胶电泳可分辨70～80 000 bp的DNA片段，故可对DNA片段进行分离。但需要用不同的胶浓度来分辨这个范围内的不同的DNA片段。原则是分辨大片段的DNA需要用浓度较低的胶，分

辨小片段的 DNA 则需要浓度较高的胶。经过一段时间电泳后，DNA 按分子量大小在凝胶中形成许多条带，大小相同的分子处于同一条带位置。另外为了便于测定待测 DNA 分子量的大小或是所处的分子大小范围，往往同时在样品邻近的泳道中加入已知分子量的 DNA 样品即标准分子量 DNA（DNA marker）进行电泳。DNA marker 可以用放射性核素进行末端标记，通过这种方式，杂交后的标准分子量 DNA 也能显影出条带。

2. 基本步骤

（1）制备琼脂糖凝胶，尽可能薄。DNA 样品与上样缓冲液混匀，上样。推荐使用的靶基因的上样量见不同条件下上样本的使用指针比较表。一般而言，对地高辛杂交系统，所需 DNA 样品的浓度较低，每道加 2.5～5 μg 人类基因组 DNA；如果基因组比人类 DNA 更复杂（如植物 DNA）则上样量可达 10 μg；每道上质粒 DNA＜1 ng。

（2）分子质量标志物（DIG 标记）上样。

（3）电泳，使 DNA 条带很好地分离。

（4）评价靶 DNA 的质量。在电泳结束后，0.25～0.50 μg/mL EB 染色 15～30 min，紫外灯下观察凝胶。

三、电泳凝胶预处理

1. 原理

DNA 样品在制备和电泳过程中始终保持双链结构。为了有效地实现 Southern 印迹转移，对电泳凝胶做预处理十分必要。分子量超过 10 kb 的较大的 DNA 片段与较短的小分子量 DNA 相比，需要更长的转移时间。所以为了使 DNA 片段在合理的时间内从凝胶中移动出来，必须将最长的 DNA 片段控制在大约 2 kb 以下。DNA 的大片段必须被打成缺口以缩短其长度。因此，通常是将电泳凝胶浸泡在 0.25 mol/L 的 HCl 溶液短暂的脱嘌呤处理之后，移至于碱性溶液中浸泡，使 DNA 变性并断裂形成较短的单链 DNA 片段，再用中性 pH 的缓冲液中和凝胶中的缓冲液。这样，DNA 片段经过碱变性作用，亦会使之保持单链状态而易于同探针分子发生杂交作用。

2. 基本步骤

（1）如果靶序列＞5 kb，则需进行脱嘌呤处理。

1）把凝胶浸在 0.25 mol/L HCl 中，室温环境下轻轻晃动，直到溴酚蓝从蓝变黄。

注意：处理人类基因组 DNA≤10 min；处理植物基因组 DNA≤20 min。

2）把凝胶浸在灭菌双蒸水中。

（2）如果靶序列＜5 kb，则直接进行下面的步骤。

1）把凝胶浸在变性液（0.5 mol/L NaOH，1.5 mol/L NaCl）中，室温放置 2×15 min，轻轻晃动。

2）把凝胶浸在灭菌双蒸水中。

3）把凝胶浸在中和液中（0.5 mol/LTris-HCl，pH 值为 7.5，1.5 mol/L NaCl），室温放置 2×

15 min。

4）在 20×SSC 中平衡凝胶至少 10 min。

四、转膜

即将凝胶中的单链 DNA 片段转移到固相支持物上。而此过程最重要的是保持各 DNA 片段的相对位置不变。DNA 是沿与凝胶平面垂直的方向移出并转移到膜上，因此，凝胶中的 DNA 片段虽然在碱变性过程已经变性成单链并已断裂，转移后各个 DNA 片段在膜上的相对位置与在凝胶中的相对位置仍然一样，故而称为印迹（blotting）。用于转膜的固相支持物有多种，包括硝酸纤维素膜（NC 膜）、尼龙（Nylon）膜、化学活化膜和滤纸等，转膜时可根据不同需要选择不同的固相支持物用于杂交。其中常用的是 NC 膜和 Nylon 膜。各种膜的性能和使用情况比较见各种尼龙膜性能及使用情况比较表。

五、探针标记

用于 Southern 印迹杂交的探针可以是纯化的 DNA 片段或寡核苷酸片段。探针可以用放射性物质标记或用地高辛标记，放射性标记灵敏度高，效果好；地高辛标记没有半衰期，安全性好。人工合成的短寡核苷酸可以用 T4 多聚核苷酸激酶进行末端标记。探针标记的方法有随机引物法、切口平移法和末端标记法。

六、预杂交（prehybridizafion）

将固定于膜上的 DNA 片段与探针进行杂交之前，必须先进行一个预杂交的过程。因为能结合 DNA 片段的膜同样能够结合探针 DNA，在进行杂交前，必须将膜上所有能与 DNA 结合的位点全部封闭，这就是预杂交的目的。预杂交是将转印后的滤膜置于一个浸泡在水浴摇床的封闭塑料袋中进行，袋中装有预杂交液，使预杂交液不断在膜上流动。预杂交液实际上就是不含探针的杂交液，可以自制或从公司购买，不同的杂交液配方相差较大，杂交温度也不同。但其中主要含有鲑鱼精子 DNA（该 DNA 与哺乳动物的同源性极低，不会与 DNA 探针 DNA 杂交）、牛血清等，这些大分子可以封闭膜上所有非特异性吸附位点。具体步骤如下：

（1）配制预杂交液：6×SSC，5×Denhardt's 试剂，0.5%SDS，50%（体积比）甲酰胺，ddH_2O，100 μg/ml 鲑鱼精 DNA 变性后加入。

注：

1）每平方硝酸纤维素膜需预杂交液 0.2 mL。

2）预杂交液制备时可用或不用 poly（A）RNA。

3）当使用 32 P 标记的 cDNA 作探针时，可以在预杂交液或杂交液中加入 poly（A）RNA 以避免探针同真核生物 DNA 中普遍存在的富含胸腺嘧啶的序列结合。

4）按照探针、靶基因和杂交液的特性确定合适的杂交温度（Thyb）。（如果使用标准杂交液，靶序列 DNAGC 含量为 40%，则 Thyb 为 42℃。）

（2）把预杂交液放在灭菌的塑料瓶中，在水浴锅中预热至杂交温度。

（3）将表面带有目的 DNA 的硝酸纤维素滤膜放入一个稍宽于滤膜的塑料袋，用 5～10 mL 2×SSC 浸湿滤膜。

（4）将鲑鱼精 DNA 置沸水浴锅中 10 min，迅速置冰上冷却 1～2 min，使 DNA 变性。

（5）从塑料袋中除净 2×SSC，加入预杂交液，按每平方滤膜加 0.2 mL。

（6）加入变性的鲑鱼精 DNA 置终浓度 200 μg/mL。

（7）尽可能除净袋中的空气，用热封口器封住袋口，上下颠倒数次以使其混匀，置于 42℃水浴锅中温育 4 h。

七、Southern 杂交

1. 原理

转印后的滤膜在预杂交液中温育 4～6 h，即可加入标记的探针 DNA（探针 DNA 预先经加热变性成为单链 DNA 分子），即可进行杂交反应。杂交是在相对高离子强度的缓冲盐溶液中进行。杂交过夜，然后在较高温度下用盐溶液洗膜。离子强度越低，温度越高，杂交的严格程度越高，也就是说，只有探针和待测顺序之间有非常高的同源性时，才能在低盐高温的杂交条件下结合。

2. 步骤

（1）将标记的 DNA 探针置沸水浴 10 min，迅速置冰上冷却 1～2 min，使 DNA 变性。

（2）从水浴锅中取出含有滤膜和预杂交液的塑料袋，剪开一角，将变性的 DNA 探针加到预杂交液中。

（3）尽可能除去袋中的空气，封住袋口，滞留在袋中的气泡要尽可能地少，为避免同位素污染水浴，将封好的杂交袋再封入另一个未污染的塑料袋内。

（4）置 42℃水浴温育 2×SSC 溶液中漂洗 5 min 过夜（至少 18 h）。

八、洗膜

取出 NC 膜，按照下列条件洗膜：2×SSC/0.1%SDS，42℃，10 min，1S×SCC/0.1% SDS，42℃，10 min，0.5S×SCC/0.1% SDS，42℃，10 min，0.2×SSC/0.1% SDS，56℃，10 min，0.1×SSC/0.1% SDS，56℃，10 min。采用核素标记的探针或发光剂标记的探针进行杂交还需注意的关键一步就是洗膜。在洗膜过程中，要不断振荡，不断用放射性检测仪探测膜上的放射强度。当放射强度指示数值较环境背景高 1～2 倍时，即停止洗膜。洗完的膜浸入 2×SSC 中 2 min，取出膜，用滤纸吸干膜表面的水分，并用保鲜膜包裹。注意保鲜膜与 NC 膜之间不能有气泡。

九、放射性自显影检测

（1）将滤膜正面向上，放入暗盒中（加双侧增感屏）。

（2）在暗室内，将 2 张 X 光底片放入曝光暗盒，并用透明胶带固定，合上暗盒。

（3）将暗盒置－70℃低温冰箱中使滤膜对 X 光底片曝光（根据信号强弱决定曝光时间，一般在 1～3 天）。

（4）从冰箱中取出暗盒，室温放置 1～2 h，使其温度上升至室温，然后冲洗 X 光底片（洗片时先洗 1 张，若感光偏弱，则再多加两天曝光时间，再洗第二张片子；注意同位素的安全使用）。

在膜上阳性反应呈带状。实验中应注意以下问题：转膜必须充分，要保证 DNA 已转到膜上。杂交条件及漂洗是保证阳性结果和背景反差对比好的关键。洗膜不充分会导致背景太深，洗膜过度又可能导致假阴性。若用到有毒物质，必须注意环保及安全。

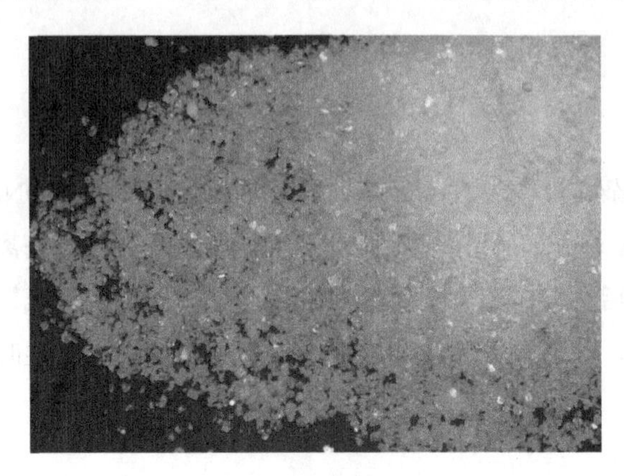

实验六十七　Northern 杂交

Northern 印迹杂交的 RNA 吸印与 Southern 印迹杂交的 DNA 吸印方法类似，只是在上样前用甲基氢氧化银、乙二醛或甲醛使 RNA 变性，而不用 NaOH，因为它会水解 RNA 的 2'-羟基基团。RNA 变性后有利于在转印过程中与硝酸纤维素膜结合，它同样可在高盐中进行转印，但在烘烤前与膜结合得并不牢固，所以在转印后用低盐缓冲液洗脱，否则 RNA 会被洗脱。在胶中不能加 EB，因为它会影响 RNA 与硝酸纤维素膜的结合。为测定片段大小，可在同一块胶上加分子量标记物一同电泳，之后将标记物切下、上色、照相，样品胶则进行 Northern 转印。标记物胶上色的方法是在暗室中将其浸在含 5 μg/mL EB 的 0.1 mol/L 醋酸铵中 10 min，光在水中就可脱色，在紫外光下用一次成像相机拍照时，上色的 RNA 胶要尽可能少接触紫外光，若接触太多或在白炽灯下暴露过久，会使 RNA 信号降低。

琼脂糖凝胶中分离功能完整的 mRNA 时，甲基氢氧化银是一种强力、可逆变性剂，但是有毒，因而许多人喜用甲醛作为变性剂。所有操作均应避免 RNase 的污染。

一、实验原理

整合到植物染色体上的外源基因如果能正常表达，则转化植株细胞内有其转录产物——特异 mRNA 的生成。将提取的植物总 RNA 或 mRNA 用变性凝胶电泳分离，则不同的 RNA 分子将按分子质量大小依次排布在凝胶上；将它们原位转移到固定膜上；在适宜的离子强度及温度条件下，用探针与膜杂交；然后通过探针的标记性质检测出杂交体。若经杂交，样品无杂交带出现，表明外源基因已经整合到植物细胞染色体上，但在该取材部位及生理状态下该基因并未有效表达。

二、实验试剂

10×MSE 缓冲液：0.2 mol/L 吗啉代丙烷磺酸（MOPS），pH 值为 7.0，50 mmol/L 醋酸钠，1 mmol/L EDTA pH 值为 8.0。

5×载样缓冲液：50%甘油，1 mmol/L EDTA，0.4%溴酚蓝。

甲醛：用水配成 37%浓度（12.3 mol/L），应在通风柜中操作，pH 值高于 4.0。

20×SSC；

去离子甲酰胺；

50 mmol/L NaOH（含 10 mmol/L NaCl）；

0.1 mol/L Tris，pH 值为 7.5。

三、实验步骤

（1）40 mL 水中加 7 g 琼脂糖，煮沸溶解，冷却到 60℃，加 7 mL10×MSE 缓冲液，11.5 mL 甲醛，加水定容至 70 mL，混匀后倒入盛胶槽。

（2）等胶凝固后，去掉梳子和胶布，将盛胶槽放入 1×MSE 缓冲液的电泳槽。

（3）使 RNA 变性（最多 20 μg），RNA4.5 mL，10×MSE 缓冲液 20 mL，甲醛 3.5 mL，去离子甲酰胺 10 mL。

（4）55℃加热 15 min，冰浴冷却。

（5）加 2 mL 5×载样缓冲液。

（6）上样，同时加 RNA 标记物（同位素（32P）dCTP）。

（7）60 V 电泳过夜。

（8）取出凝胶，水中浸泡 2 次，每次 5 min。

（9）室温下将胶浸到 50 mmol/L NaOH 和 10 mmol/L NaCl 中 45 min，水解高分子 RNA，以增强转印。

（10）室温下将胶浸到 0.1 mmol/L Tris HCl（pH 值为 7.5）中 45 min，使胶中和。

（11）120×SSC 洗胶 1 h。

（12）20×SSC 中过夜转印到硝酸纤维素膜上。

（13）取出硝酸纤维素膜，80℃真空烘烤 2 h。

注意事项：

（1）严格遵守试验规则，务必准确。

（2）由于好多药品是有毒的，对人体有害，请注意自身安全，做好防护。

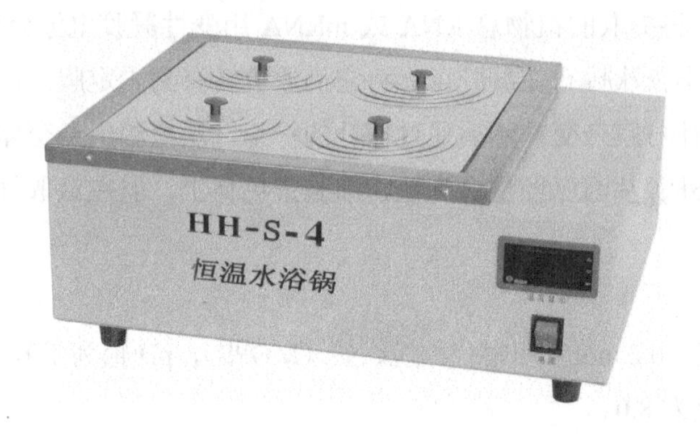

实验六十八　Western 杂交

Western 杂交是将蛋白质电泳、印迹、免疫测定融为一体的特异性蛋白质的检测方法。

一、实验原理

Western 杂交 Westernd 的原理是：生物中含有一定量的目的蛋白。先从生物细胞中提取总蛋白或目的蛋白，将蛋白质样品溶解于含有去污剂和还原剂的溶液中，经 SDS-PAGE 电泳将蛋白质按分子量大小分离，再把分离的各蛋白质条带原位转移到固相膜（硝酸纤维素膜或尼龙膜）上，接着将膜浸泡在高浓度的蛋白质溶液中温育，以封闭其非特异性位点。然后加入特异抗性体（一抗），膜上的目的蛋白（抗原）与一抗结合后，再加入能与一抗专一性结合的带标记的二抗（通常一抗用兔来源的抗体时，二抗常用羊抗兔免疫球蛋白抗体），最后通过二抗上带标记化合物（一般为辣根过氧化物酶或碱性磷酸酶）的特异性反应进行检测。根据检测结果，从而可得知被检生物（植物）细胞内目的蛋白的表达与否、表达量及分子量等情况。

Western 杂交技术是一种蛋白质的固定和分析技术，是将已用聚丙烯酰胺凝胶或其他凝胶或电泳分离的蛋白质转移到硝酸纤维滤膜上，固定在滤膜上的蛋白质成分仍保留抗原活性及与其他大分子特异性结合的能力，所以能与特异性抗体或核酸结合，其程序 Southern Blot 相似，故称为 Western Blot，第一抗体与膜上特异抗原结合后，再用标记的二抗（同位素或非同位素的酶）来检测，此方法可检测 1 ng 抗原蛋白。Western 杂交方法灵敏度高，通常可从植物总蛋白中检测出 50 ng 的特异性的目的蛋白。

二、试剂配制

（1）转移电泳缓冲液：20 mmol/L Tris HCl pH 值为 8.0，150 mmol/L 甘氨酸，加 14.5 g Tris 粉、67.08 g 甘氨酸于 4 L 水中，加入 1200 mL 甲醇，加水至 6 L。

（2）丽春红 S 溶液：0.5%丽春红 S，1%乙酸。

三、操作步骤

（1）用已制备好的 SDS-PAGE 分离的蛋白凝胶。

（2）用一张滤纸，剪成与胶同样大小，在转移电泳缓冲液中预湿，放在 Scotch-BritPad 上，在胶的阴性端放上滤纸，胶的表面用该缓冲液浸湿，排出所有气泡。

（3）在胶的阳极面放置同样大小浸湿的硝酸纤维素膜，排出气泡，再在滤膜的阳极端放置一张滤纸，排出气泡，再放一个 Scotch-Brit Pad。

（4）将以上“三明治”样装置放入一个塑料支撑物中间，将支撑物放入电转移装置中，加入电转移缓冲液。

（5）接通电源：使胶上的蛋白转移到硝酸纤维素膜上，电压为 14 V，4℃转移 4 h 或过夜。

（6）将滤膜放入 S 溶液中 5 min，蛋白染色水中脱色 2 min，照相，用印度墨水将分子量标准染色，在水中完全脱色。

（7）将滤膜放在塑料袋中，每 3 张加入 5 mL 封闭缓冲液（1 g 速溶去脂奶粉溶于 100 mL PBS 中），封闭特异性抗体结合位点，室温放置 1 h，摇动，倒出封闭缓冲液。

（8）在封闭缓冲液中稀释第一抗体，加入后室温放置 1 h，将滤膜转到塑料盒中，用 200 mL PBS 洗 4 次，摇动。

（9）在封闭缓冲液中稀释辣根过氧化物酶标记的二抗，重复步骤（8）。

（10）将滤膜放在 100 mL 新配制的 DAB 底物溶液中，2～3 min 就可显色，用水冲洗终止反应、照相。

结果分析：分析阳性（显色）条带的分子量大小，而且根据信号（颜色）强弱分析蛋白表达量。

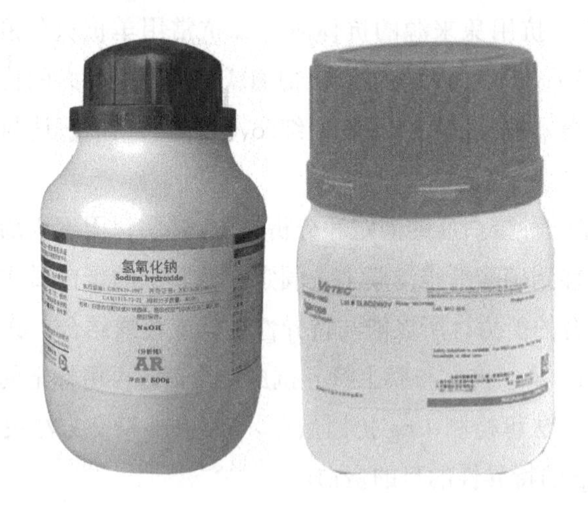

参 考 文 献

［1］白玲，霍群．基础生物化学实验［M］．上海：复旦大学出版社，2008．
［2］魏群．基础生物化学实验［M］．3版．北京：高等教育出版社，2009．
［3］董晓燕．生物化学实验［M］．北京：化学工业出版社，2008．
［4］彭玉荪，朱婉华，陈钧辉．生物化学实验［M］．北京：人民教育出版社，1989．
［5］李建武．生物化学实验原理和方法［M］．北京：北京大学出版社，1994．
［6］西北农业大学．基础生物化学实验指导［M］．西安：陕西科学技术出版社，1986．
［7］陈建业，王含彦．生物化学实验技术［M］．北京：科学出版社，2015．
［8］黄卓烈．生物化学实验技术［M］．北京：中国农业出版社，2010．
［9］史锋．生物化学实验［M］．杭州：浙江大学出版社，2002．
［10］萧能，余瑞元，袁明秀，等．生物化学实验原理和方法［M］．北京：北京大学出版社，2005．
［11］王宪泽．生物化学实验技术原理和方法［M］．北京：中国农业出版社，2002．
［12］刘志国．生物化学实验［M］．武汉：华中科技大学出版社，2007．
［13］郭蔼光．生物化学实验技术［J］．生物化学与生物物理进展，2004，31（9）：833-833．
［14］张彩莹，肖连冬．生物化学实验［M］．北京：化学工业出版社，2009．
［15］王秀奇．基础生物化学实验［M］．2版．北京：高等教育出版社，1999．
［16］俞建瑛，蒋宇，王善利．生物化学实验技术［M］．北京：化学工业出版社，2005．
［17］袁玉荪，等．生物化学实验［M］．北京：人民教育出版社，1979．
［18］杨志敏．生物化学实验［M］．北京：高等教育出版社，2015．
［19］何开跃，李关荣．生物化学实验．北京：科学出版社，2013．
［20］李绍文．生态生物化学（二）：高等植物之间的生化关系［J］．生态学杂志，1989，008（001）：66-70．
［21］傅雷．糖生物学的产生和发展［J］．生物学通报，2006（12）：27-28．
［22］陈永静，张春浩．分子生物技术在环境工程微生物领域中的应用［J］．能源与节能，2015（06）：106-107．
［23］朱素琴．生物化学实验教学的现状分析与改革思路［J］．生物学杂志，2004，021（001）：43-45．
［24］吕作鹏，陶秀祥，温洪宇，等．分子生物技术在土壤微生物多样性变化中的应用［J］．洁净煤技术，2009，15（06）：106-109．
［25］叶静，马长宏．硫酸多糖类药物含量测定方法研究进展［J］．中国现代药物应用，2020，14（10）：228-230．
［26］刘志友，李胤豪，闫素梅，等．壳聚糖对蛋种鸡血清中脂类物质及脂肪细胞因子含量的影响［J］．动物营养学报，2018，30（06）：2310-2317．

参考文献

[illegible]